U0312708

湖北省学术著作出版专项资金资助项目
新材料科学与技术丛书

多铁性材料电子结构的
第一性原理研究

明　星　著

武汉理工大学出版社
·武　汉·

内 容 提 要

多铁性材料是同时具有铁电性、铁磁性和铁弹性中的两种或者三种性质的材料,具有广泛的科技应用前景和丰富的物理内涵,是当前凝聚态与材料物理领域的研究热点。本书介绍了多铁性材料的基础知识,借助第一性原理理论计算研究多铁性材料的电子结构,探索在高压极端条件下多种凝聚态物性的特征与转变规律,重点研究静水压和单轴压力作用下的晶体结构、电子结构、输运性质、磁有序与铁电有序以及磁电耦合的变化规律与内在物理机制,并且对多铁性材料进行了初步设计,为更深入地开展多铁性材料的实验研究提供理论指导和知识储备。

本书可以作为材料及物理专业硕士、博士研究生选读教材,也可为相关专业的技术人员提供参考。

图书在版编目(CIP)数据

多铁性材料电子结构的第一性原理研究/明星著. —武汉:武汉理工大学出版社,2019.9
ISBN 978-7-5629-5993-9

Ⅰ.①多… Ⅱ.①明… Ⅲ.①铁电材料-电子结构-研究 Ⅳ.①TM22

中国版本图书馆 CIP 数据核字(2019)第 138468 号

项目负责人:李兰英   责任编辑:李兰英
责任校对:刘 凯   封面设计:匠心文化
出版发行:武汉理工大学出版社   邮 编:430070
网 址:http://www.wutp.com.cn 经 销:各地新华书店
印 刷:武汉中远印务有限公司   开 本:710 mm×1000 mm 1/16
印 张:13.25   字 数:167 千字
版 次:2019 年 9 月第 1 版
印 次:2019 年 9 月第 1 次印刷
定 价:98.00 元

凡购本书,如有缺页、倒页、脱页等印装质量问题,请向出版社发行部调换。
本社购书热线电话:027-87785758 87384729 87165708(传真)

·版权所有 盗版必究·

目　　录

1 绪　　论

1.1　多铁性材料简介

凝聚态物理学是研究凝聚态物质的微观结构、运动状态、物理性质及其相互关系的科学。凝聚态物理学的概念、方法和技术与众多学科相互渗透,有力地促进了材料科学、化学物理学、生物物理学和地球物理学等相关学科的发展。凝聚态物理学一直以来都是材料科学和电子元器件的学科基础,为高科技的发展做出了巨大的贡献,已成为晶体管、超导磁体、固态激光器、磁储存器等重大技术革新的源泉。而以莫特(Mott)绝缘体、高温超导体、电荷密度波、多铁性材料、巨磁阻(CMR)/庞磁阻(GMR)材料和重费米子体系等为代表的关联电子体系一直是凝聚态物理领域最复杂的课题。

多铁性材料是同时具有铁电性、铁磁性和铁弹性中的两种或者三种性质的材料。它可以在外磁场中重新取向(自发磁化),在外电场中重新取向(自发极化),以及可以在应力作用下重新取向(自发形变)。如图 1-1 所示,铁电性和磁性的共存使得多铁性材料可由电场调制自发磁化,同时磁场也可以调制铁电极化[1]。多铁性材料在多态记忆与数据存储、传感器、高电容和大电感一体化的电子元器件等领域具有广阔的应用前景[2,3];同时,它涉及过渡金属氧化物、ABO_3钙钛矿结构的关联电子体系,以及自旋序、电荷序、轨道序、量子调控和畴工程学等多尺度问题,具有丰富的科学内涵[4,5]。

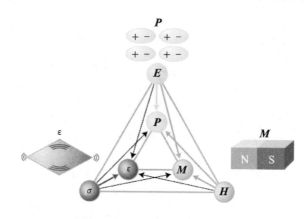

图 1-1　铁和多铁性材料的相控制[1]。基本铁序:铁电 *P*,铁磁 *M*,铁弹 ε。通过对应外场(电场 *E*,磁场 *H*,应力 σ)使相应的极化矢量实现反转。它们相互间的交叉调控意味着多铁性耦合,例如磁场调控电极化状态和电场调控磁化状态

在铁电性材料中,电荷序产生铁电性,并且自发极化 *P* 可以由电场 *E* 调控。而在铁磁材料中,自旋序产生铁磁性,磁化 *M* 可以由磁场 *H* 调节。如图 1-1 所示,多铁性材料不仅同时具备 *P-E* 和 *M-H* 特性,而且还存在磁电互相调控效应,即磁场 *H* 可用于调控电极化 *P* 或者电场 *E* 可用来控制磁化 *M*。

多铁性(磁电)材料是一种新型的多功能材料,不仅可用于单一铁性材料的领域,还可用于新型磁电传感器、自旋电子学、新型信息存储等领域。另一方面,多铁性磁电耦合的物理内涵涉及电荷、自旋、轨道、晶格等多重自由度。因而,它已成为世界上一个新的前沿研究领域[1,2]。从该学科的内涵来看,多铁性材料将铁电和磁性材料这两类材料有机地结合起来,这些材料赋予传统的电子产业、信息产业和能源产业新的科学内容。

1.2 多铁性材料的发展简史

原子或分子磁矩的自发、均匀取向产生了磁体(更准确地说,铁磁体),人类已经对铁磁体探索了 2500 多年。一个世纪以前,人们发现电偶极矩也可以自发有序[6]。这种现象被称为铁电性,因为它类似于铁磁性,例如外场中两个稳定状态之间的滞后切换。虽然铁磁性的技术优点与铁电性的完全不同,但是科研工作者试图将它们组合在材料的相同相中以产生所谓的多铁性材料。具有磁性和铁电性共存的多铁性材料为电场控制磁性提供了有效途径。一方面,它们可以利用两个铁序的功能。例如,磁比特可以由电比特补充以建立四态记忆元。另一方面,铁磁性和铁电性之间的耦合可能会产生任意单态中不能独立存在的新功能。用电场代替磁场控制磁性的特性是多铁性材料的一个优点。在读取和写入磁比特时,如果使用电压脉冲代替磁场产生电流,则可减少废热与电流相关的累积时间。因此,多铁性可以使数据存储更快、更节能。

2010 年美国物理学会颁发的 James C. McGroddy 奖授予三位美国科学家:加州大学圣巴巴拉分校的 Nicola A. Spaldin 教授、罗格斯大学的 Sang-Wook Cheong 教授和加州大学伯克利分校的 Ramamoorthy Ramesh 教授,表彰他们"对促进多铁氧化物的理解和应用的杰出贡献"[7]。近年来,理论、合成和表征技术的关键发现引起了人们对这些材料的兴趣。不同的机制,如孤对、几何、电荷序和自旋驱动效应,都可以引起多铁性。该领域的总体重点正在向邻近的研究领域转移,例如多铁性薄膜异质结,器件架构以及畴结构和界面效应[8]。在多铁性材料中违反空间和反演对称性是一个关键特征,因为它们决定了多铁性材料的性质。

磁电效应，单相多铁性发展历史

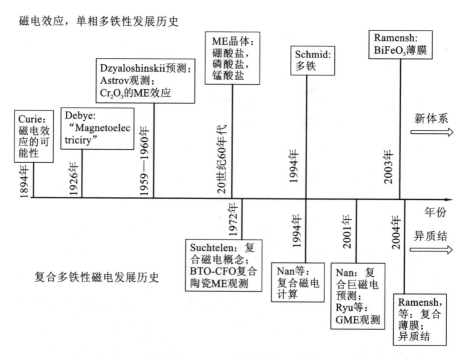

复合多铁性磁电发展历史

图 1-2   磁电效应、单相多铁性、复合多铁性磁电材料及理论的发展历史[9]

如图 1-2 所示，多铁性的研究可以追溯到 20 世纪 50 年代。实际上，早在 1894 年，居里通过对称性分析推断在某些材料中电场可以诱导磁化，磁场可以诱导电极化。直到 1959 年，Dzyaloshinskii 预言 Cr_2O_3 存在磁电效应，随后被 Astrov 的实验证实，Cr_2O_3 是第一个磁电耦合材料。前苏联首先进行了在单一化合物中结合磁性和铁电性的研究。1958 年，Smolenskii 等[10]建议将磁性离子引入铁电钙钛矿，以产生同时拥有磁性长程序而不会损失铁电序的固溶体。然而，当时研究最为火热的化合物是硼酸盐，如 $Ni_3B_7O_{13}I$，其中观察到明显的线性磁电效应，通过电场或磁场对多铁性畴进行切换[11]。

目前多铁性研究热潮的两个先驱工作值得注意。首先，1978 年 Newnham 及其同事报道 Cr_2BeO_4 中磁矩的螺旋状排列破坏了空间反演对称性,由此诱导的电极化也是如此。他们预言了一种新型磁驱动铁电体背后的大部分物理学原理,不正当铁电体将在后来用于获得具有强磁电相互作用的多铁电体。其次,在 1993 年举办的磁电介质现象会议上(MEIPIC Ⅱ),有学者介绍了当代多铁性研究基础中的许多现象、系统和概念,包括多铁性这一术语。即使在今天,这次会议的报告仍然是一个有意义的读物[12]。最典型的铁电性材料是 $BiFeO_3$ 材料,Fe^{3+} 离子贡献磁性,Bi^{3+} 离子具有 $6s^2$ 孤对电子,有助于增强材料的铁电性。2003 年,Ramesh 小组制备了高质量的 $BiFeO_3$ 外延膜,其中发现了大的铁电极化强度,与传统铁电体的相当。2009 年,Cheong 团队合成了一大块优质 $BiFeO_3$ 单晶,证实这种材料具有较大的铁电极化强度。$BiFeO_3$ 具有优异的性能、较大的铁电极化强度,其铁电居里温度和反铁磁 Néel 温度都高于室温,是室温多铁性材料,引起了物理学家的广泛关注。

2000 年,Hill 发表了题为 *Why are there so few magnetic ferroelectrics?* 的论文[13],阐述了磁性和铁电性具有天生的互斥性。在钙钛矿中,铁电态出现是因为相邻离子的电子云杂化,支持离子偏离中心。这种类型的铁电性被称为位移铁电性,并且 $3d$ 壳层是空的时候能量越低越稳定。相反地,磁性过渡金属离子的磁有序态需要部分填充的 $3d$ 壳层——矛盾是显而易见的。这种互斥性应该理解为形成共价键和库仑排斥之间的竞争:共价键的形成导致离子位置偏离中心,表现出铁电性;库仑排斥作用强时,离子位置保持在中心,不表现出铁电性,而表现出铁磁性。由于磁性与铁电性在本质上互斥,它们在一种材料中的共存甚至耦合需要新的物理机制。用磁性离子与铁电性离子一起搭建原胞,可以实现两者共存。这种猜想引发了学者们对材料的深入研究,例如非位移驱动的铁电性与磁序相容或不具有钙钛矿结构的材料。第一个突破是在六角晶系 $h-YMnO_3$[14]、正交晶系 $o-TbMnO_3$[15] 和 $TbMn_2O_5$[16] 中发现了明显的磁电相互作用。在后两种材料中,磁电相互作用源自非中心对称自旋纹理,其引起磁性调控的电极化。这些发现激发了材料科学、凝聚态物理和材料理论等不同领域研究者的兴趣。

1.3　多铁性材料的分类

我们主要区分两种类型的多铁性材料[17]。第Ⅰ类多铁性材料指铁序相互独立产生的材料。这些材料各个独立的序参数可以显示高极化值和高有序化温度,但是磁性和铁电序之间的相互作用通常非常弱。第Ⅰ类多铁性材料通常被归类为正当铁电性材料(Proper Ferroelectrics),出现时间较早,数量相对较多。对第Ⅰ类多铁性材料而言,如何在保持自身高的铁电相变温度和大的极化强度的同时增强磁电耦合是研究的难点与热点。第Ⅱ类多铁性材料的铁电极化是另一驱动序参数的副产物,例如自旋序。

1.3.1　第Ⅰ类多铁性材料

（1）ABO_3钙钛矿

这种结构类别与许多铁电性材料如 $BaTiO_3$ 相同,其中 BO_6 八面体共角,A 位离子由八个八面体配位(图 1-3)。铁电矩可以部分地来自 A 位上的孤对离子,例如 Pb^{2+} 或 Bi^{3+},部分来自 B 位置上具有 d^0 电子构型的小的过渡金属离子。磁性可以由 B 位上具有部分填充的 d-电子壳层的过渡金属离子产生,例如 Mn^{3+} 或 Fe^{3+},或者由 A 位点上的稀土离子产生。恰当地选择成分可以产生多铁性,例如 $BiFeO_3$[18]、$Pb(Fe_{2/3}W_{1/3})O_3$[19]和其他各种复合化合物。

作为极少数室温多铁性材料之一,$BiFeO_3$ 可以说是最重要的多铁性材料。铁电序来源于 Bi^{3+} 的孤电子对,而磁性序则来自未配对的 Fe 自旋。铁电转变温度为 1143 K,而在低于 643 K 时出现反铁磁序。反铁磁序排列由于自旋倾斜和形成与晶格不相称的长程

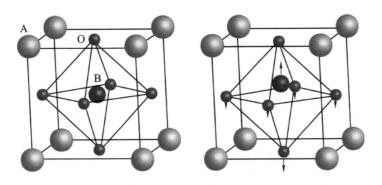

图 1-3　ABO₃ 钙钛矿晶体结构及其四方铁电畸变[17]

自旋螺旋而变得复杂[18]。在文献报道 $BiFeO_3$ 薄膜具有极大的铁电极化值（60 $\mu C \cdot cm^{-2}$）之后，对 $BiFeO_3$ 的研究开始激增[20]。由于氧空位引起样品导电性增强，对体相 $BiFeO_3$ 的铁电测量没有给出如此大的极化值。研究表明，氧空位等带电缺陷会阻碍畴壁的运动，导致非饱和的铁电磁滞回线[21]。从铁电转变温度上方淬火会导致缺陷随机化，产生饱和磁滞回线，具有可观的极化值（大约 20 $\mu C \cdot cm^{-2}$），但仍然没有薄膜和单晶中的那么大[22]。由于铁电性和磁性彼此独立地产生，人们预测 $BiFeO_3$ 的磁电耦合作用很弱。然而，有研究表明，通过对 $BiFeO_3$ 薄膜施加电场可以两步实现磁化方向的调控，这种调控已经应用到室温下操作的自旋阀器件中[23]。

$EuTiO_3$ 属于一类被称为量子顺电材料的材料，其向铁电相的转变被抑制在接近 0 K，其中量子震荡随着热振动的停止而变得有效。Eu^{2+} 包含局域化的 4f 自旋，其在 5.5 K 下呈现反铁磁序。低于该温度，介电常数急剧减小，导致明显的耦合效应，这可通过初始铁电相变中自旋与光学声子模的耦合来解释[24]。磁场抑制 Eu 自旋的磁序，使介电常数发生很大变化（1.5 T 时为 7%）。尽管需要低温，但具有磁序的量子顺电材料是有希望实现强耦合效应的一类材料；也可以通过利用由衬底施加在薄膜上的失配应变，迫使量子顺电材料进入铁电相。这已经在 $DyScO_3$ 衬底上生长的 $EuTiO_3$ 薄膜中实现。利用失配应变，$EuTiO_3$在 250 K 以下变成铁电体。此外，应变还调节磁序从反铁磁向居里温度为 4.2 K 的铁磁基态转变[25]。

（2）几何铁电体

六角锰氧化物 $RMnO_3$ 与钙钛矿 ABO_3 具有相同的组成特性，但这些材料在结构上完全不同。它们由通过 AO_7 多面体连接的 MnO_5 三角双锥体层组成（图1-4）。磁序来源于 B 位上 Mn^{3+} 离子的 d^4 电子构型[26]，或来自 A 位上的磁性稀土离子。Mn^{3+} 位于双锥体的重心附近，铁电矩很大程度上来源于 A^{3+} 在其配位球内的位移。该结构中仅仅 A 位上的小稀土离子（包括 Y）和 B 位上的 Mn^{3+} 稳定。因为在三角形双锥体结构中的晶体场分裂导致非简并电子态，Mn^{3+} 离子通过配位场效应稳定结构。对于所有其他 B 位上的过渡金属和 A 位上的大离子半径元素，钙钛矿结构是优先的[27,28]。

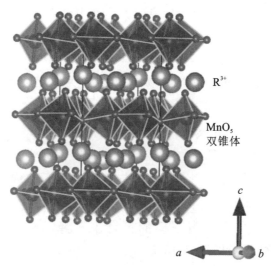

图1-4　六角结构的锰氧化物 $RMnO_3$ 的晶体结构，

R 是稀土元素，具有铁电畸变性质

这些材料在 20 世纪 60 年代被广泛深入研究,在此期间科学家研究了晶体结构和磁性。铁电序在 1000 K 以上出现,而 Mn 自旋的反铁磁序发生在 75 K 附近,伴随不同的 R 元素发生很小的变化。这些有序温度表明 $RMnO_3$ 是正当铁电体,与 $5\ \mu C \cdot cm^{-2}$ 的电极化值以及单胞内电荷序导致的大位移是一致的。各种相应的描述还报道或预测 $RInO_3$ 和 $RGaO_3$ 是铁电体。磁有序温度下介电常数的温度依赖性的异常证明了存在磁电耦合[29,30]。Fiebig 等人通过在非线性光学实验中表征电矩与反铁磁畴壁证明了磁电耦合确实存在[14]。此外,Lottermoser 等人证明了在 $HoMnO_3$ 中,Ho 自旋的铁磁序可以反过来通过使用电场来控制开与关,再次表明确实存在磁电耦合[31]。对铁电序的本质研究存在相互矛盾的结果。在 Bertaut 等人发现这类材料存在铁电性的报道之后,文献报道了几种相变温度。Ismailzade 和 Kizhaev 在 1965 年研究发现 $YMnO_3$ 热电流显示铁电序在接近 930 K 发生[32]。Łukaszewicz 和 Karut-Kalicińska 报道了 $YMnO_3$ 在 1270 K 的相变,晶格增大了三倍[33]。Van Aken 等人重新确定了几种 $RMnO_3$ 的晶体结构,发现 Mn^{3+} 接近于配位氧双锥体的重心,与之前的报道相反。他们得出的结论是,铁电矩与 R 离子及其配位氧的相对运动有关。

随后,Lonkai 等人在温度高达 1400 K 的中子衍射实验中未发现与铁电相变相关的明显耦合模式[34]。他们得出结论,$RMnO_3$ 应当属于不正当(improper)的铁电体,与对位移的理论分析一致。Nenert 等人[35]基于同步辐射单晶 X 射线衍射和群理论分析认为,这些材料是正当(proper)的铁电体,与 Ismailzade 和 Kizhaev[32] 的研究结果一致。

Gibbs 等人在系列中子衍射研究的基础上进一步分析,认为非极性 K_3 倾斜模式对主要序参数的驱动力形成了极化,证实了 $YMnO_3$ 的不正当铁电性。他们在 1258 K 时观察到结构单胞三倍化,然后是在 920 K 处出现额外的同对称性相变,伴随着极化的减小并且没有任何明显的中间相[36]。

尽管 Mn^{3+} 和 Fe^{3+} 的离子半径大小差不多,但在正常条件下,与 $RMnO_3$ 不同,$RFeO_3$ 在正交钙钛矿晶体结构中是稳定的。然而,$RFeO_3$ 也可以使用包括外延薄膜生长在内的不同合成技术形成六角稳定结构。例如,在 α-Al_2O_3(001)衬底上通过脉冲激光沉积(PLD)生长的 $LuFeO_3$ 薄膜具有六角对称性,在室温下具有与六角锰氧化物相同的空间群,$P6_3cm$[37]。由于 Fe^{3+} 电矩更大,在六角晶格的 a-b 平面的相同三角形排列中,预测六角 $RFeO_3$ 具有比 $RMnO_3$ 更高的磁有序温度。实际上,对于 $LuFeO_3$ 薄膜,在低于 440 K 出现反铁磁序,且低于 130 K 时,自旋重新定向相变引入弱铁磁性。室温下使用压电力显微镜测量实验已经证明了确实存在铁电转换。在 $LuFeO_3$ 中铁电序在高达 1050 K 时持续存在,说明其是室温多铁性材料[38]。

$BaMF_4$ 是一种正交晶系化合物,其中 M 是 Mn、Fe、Co 或 Ni 元素。晶格由顶点共享的 MF_6 八面体层组成,被 Ba 原子层隔开。铁电相变温度高于化合物的熔化温度,而反铁磁有序化发生在 70 K 以下[39]。第一性原理计算研究了 $BaMF_4$ 中铁电性的起源,并且已经表明铁电位移不涉及阳离子和阴离子之间的电荷转移。相反,铁电性是由尺寸效应和几何约束而引起的。因此,$BaMnF_4$、六角锰酸盐和铁氧体被归类为几何铁电体[40]。

(3)硼酸盐 $M_3B_7O_{13}X$

在硼酸盐材料中,M 是 $3d$ 系列中从 Cr 到 Ni 的二价金属离子,X 是卤素 Cl、Br 或 I。对于大多数这类材料,铁电序发生在温度远高于室温的情况下,而磁性序(通常是弱铁磁性的)在低于 65 K 的温度下产生[41]。这些材料在冷却时会经历一系列复杂的结构相变。它们具有大的晶胞,许多原子间具有相互作用。硼酸盐结构的复杂性使得很难清楚地了解产生铁电性的因素和磁电耦合的本质。

（4）有机-无机杂化物

在寻找新的多铁性材料和机制时，有机-无机杂化物构成了另一种选择。在复合物中，无机过渡金属卤化物组分提供磁性并在很大程度上决定电子性质，而由有机分子组成的组分带来易于加工和结构灵活的优点[42,43]。这些杂化物是金属-有机骨架材料（MOF）的亚类。MOF 是一类重要的材料，因其在气体储存、催化、药物输送等领域中的广泛应用而被深入研究。据报道，一些有机-无机杂化物具有多铁性特性。这些材料具有类似于 ABX_3 钙钛矿的结构，其中 B 是过渡金属阳离子，X 是卤化物或小的有机阴离子，A 位置空隙被阳离子有机分子填充[44]。其中 $A=[(CH_3)_2NH_2]^+$，$B=Mn^{2+}$ 和 $C=HCOO^-$，$[(CH_3)_2NH_2]Mn(HCOO)_3$ 就是一个例子。这种材料在低于 8.4 K 时表现出反铁磁性，并且具有另一种结构相变，介电常数在冷却过程中在约 185 K 时阶梯状减小。当在加热重复测量时观察到热滞后，表明存在一级相变。变温 X 射线衍射分析表明，从高温菱方顺电相到低温单斜铁电相的有序-无序型相变与介电异常一致，使得该材料成为潜在的多铁性材料[45]。理论计算预测，该化合物的铁电极化大约为 $2\ \mu C \cdot cm^{-2}$，通过选择不同的有机 A 阳离子，其可以增加到大约 $6\ \mu C \cdot cm^{-2}$[44]。

（5）八面体旋转和杂化不正当铁电体

钙钛矿结构是一种常见的晶体结构类型，许多功能型过渡金属氧化物都具有钙钛矿结构，包括正当的铁电 $BaTiO_3$ 和巨磁阻氧化物如 $La_{1-x}Ca_xMnO_3$。通常用 ABO_3 来表示。其中，A 通常是碱土金属或稀土离子，B 是由氧离子八面体配位的过渡金属离子。对于 A 位上具有小离子半径的离子，BO_6 八面体集体旋转以优化 A 位阳离子的配位。已知这些旋转对铁电性是有害的，因为具有八面体旋转的大多数钙钛矿具有非极性空间群。例外情况是，A 位上具有 Bi^{3+} 或 Pb^{2+} 的材料，具有引发铁电位移的孤对离子。研究表明，可以通过结构设计在层状钙钛矿如 Ruddlesden-Popper 相的 A 位上通过阳离子有序化来破坏 B 位的反演对称性[46]。在这些材料里面,钙钛矿不同层中 A 位阳离子的反极位移不会抵消,产生净极化。因为铁电极化是由不同层具有不同对称性的八面体旋转引起的,这种机制被称为混合不正当铁电性,因为铁电畸变[47]是八面体旋转的副产品,这是主要的序参数。实验证明,一些 Ruddlesden-Popper 相,包括 $Ca_3Ti_2O_7$ 和 Sr 掺杂的 $Ca_3Ti_2O_7$ 中实现了混合不正当铁电性,它们没有磁序,但是表现出相对大的自发极化($Ca_3Ti_2O_7$ 中 8 $\mu C \cdot cm^{-2}$)[48]。$(1-x)(Ca_ySr_{1-y})_{1.15}Tb_{1.85}Fe_2O_{7-x}Ca_3Ti_2O_7$ 是另一个混合不正当铁电性材料的例子,八面体旋转的结构设计也调制磁性,让相同自旋引起的铁电位移之外有稳定的弱铁磁性[49]。混合不正当铁电的机制说明其可以用于获得具有增强的功能性的新多铁性材料。

（6）电荷序

几乎所有半掺杂的稀土锰氧化物 $R_{1-x}Ca_xMnO_3$（R 是稀土）显示出电荷序。这可以解释为以位置为中心的电荷序($x=0.5$),其中 Mn^{4+} 和 Mn^{3+} 位点是以棋盘图案排列或以键为中心($x=0.4$)的电荷序,两个相邻锰位点的二聚化使得键不等价,从而集中了核之间的电荷密度。这些特定的电荷序构型保留了反演对称性。然而,理论上预测,在以位点为中心和以键为中心的电荷序之间的电荷序配置会产生净余电极化[50,51]。掺杂的锰氧化物相对高的导电性屏蔽了极化,使实验研究变得更复杂。

$LuFe_2O_4$ 作为潜在的多铁性材料,铁电序由电荷序驱动[52]。这种材料是由交替堆叠的 Lu 氧化物和 Fe 氧化物双层构成的。混合价 Fe 离子在具有固有电荷失措的三角形网格上相互连接。研究者最初认为电荷序超结构由双层组成,所述双层包括堆叠的富 Fe^{2+} 和富 Fe^{3+} 层并支持电极化,保留了总量相等的 Fe^{2+} 和 Fe^{3+} 离子。$LuFe_2O_4$ 在低于 320 K 温度时显示出电荷序,并且在 Fe_2O_4 层发展净电极化。亚铁磁转变温度为 $T_N = 240$ K,电极化和自旋结构之间存在复杂的相互作用。然而,铁电性的存在尚未明确确定。最近的一项研究发现了具有非极性双层[53]的不同电荷序结构。Lafuerza 等人[54]的共振 X 射线研究表明,实际上该材料中不存在净极化。

1.3.2　第Ⅱ类多铁性材料

材料的反演对称性可以通过各种方式的磁性序来破坏[55]。我们区分不同的微观磁电耦合机制,并在相关材料的基础上讨论细节。由于自旋序而产生不正当铁电性的材料可以基于不同的磁电耦合机制被细分为三类。第一类由具有共线磁序的材料组成,其中电极化由对称交换束缚引起。第二类材料显示出非共线磁序,并且由于反对称交换限制而支持电极化。极化由较弱的相对论自旋-轨道耦合相互作用驱动,导致与第一类材料相比,第二类材料的电极化较小。第三类包括由与自旋相关的 p-d 杂化诱导的具有电极化的材料。在一些材料中,多个耦合机制都起作用[55]。

（1）摆线自旋螺旋（RMnO$_3$）

由钙钛矿 TbMnO$_3$ 和 DyMnO$_3$[15,56]中的竞争磁相互作用引起铁电性的发现引起了广泛关注,并且在氧化物中用完全不同的方法产生铁电性的崭新领域已经被开辟出来了。这些材料通常是具有 Pnma 或者 Pbnm 空间群对称性的正交化合物。该空间群表现出反演对称性,因此没有被预测到具有铁电序。在正交锰氧化物中,由于稀土离子半径较小,GdFeO$_3$ 型畸变增加,改变了 Mn-O-Mn 超交换角。位于相图的共线 A 型反铁磁（较大的 R,例如 La、Pr）和 E 型反铁磁（较小的 R,例如 Ho、Tm）磁序区域之间的无公度的自旋螺旋相稳定存在。Kimura 等人[15]首先在 TbMnO$_3$ 中观察到这种无公度的反铁磁区域的极化。在随后的中子衍射研究中证明,极化与摆线自旋螺旋相有关联[57]。最近邻铁磁和次近邻反铁磁相互作用竞争稳定了摆线自旋螺旋态并驱动极化。图 1-5(a)给出了摆线自旋螺旋态的示意图,其中自旋在由法向矢量定义的平面外旋转。自旋螺旋与晶体结构不相称并沿着 Q 矢量方向传播。自旋螺旋的螺距取决于竞争交换相互作用的大小。由于无公度的自旋螺旋磁序,电偶极矩在自旋旋转平面(这里是 ab 平面)中发展,垂直于自旋链的方向[58]。从微观角度来看,Dzyaloshinskii-Moriya(DM)[59,60]相互作用倾向于以直角驱动自旋,有利于非共线自旋序,并受相对论自旋-轨道耦合相互作用的支配。相反,DM 逆相互作用[61]垂直于图 1-5(b)中所示的自旋链的氧配体的磁致伸缩位移,以便在适应自旋螺旋构型的同时释放晶格能量。$TbMnO_3$ 中相对较小的极化是由极小的极化晶格位移引起的,这种位移太小,采用传统衍射技术无法分辨,但是 Walker 等人采用特殊技术[62]来测量 $TbMnO_3$中具有飞秒精度的极化晶格位移。如图 1-5(b)所示,对于螺旋序,Dzyaloshinskii 矢量与连接相邻自旋的矢量 r_{ij} 和中间的氧配体位移的矢积成正比。由 DM 相互作用引起的能量增益有效地将氧配体侧向垂直于链移动和产生极化。实验证明了这个概念,$TbMnO_3$ 的自旋螺旋度在施加的电场中发生变化[63]。此外,净极化可以被解释为纯电子效应,而不需要包含离子位移,就自旋流[64]而言,其中一个自旋进入相邻自旋的局部场。值得注意的是,固溶体 $Eu_{1-x}Y_x$-MnO_3 和 $Gd_{1-x}Tb_xMnO_3$[65]在 ab 平面中显示出自旋螺旋,而在 $TbMnO_3$ 和 $DyMnO_3$ 中自旋螺旋被限制在 bc 平面[66]。单离子之间复杂的各向异性相互作用和 DM 相互作用决定了哪个螺旋自旋旋转平面是有利的。具体地,单离子各向异性将 c 轴定义为硬磁化轴并且将使得沿着 c 轴具有极化的 ab 平面螺旋自旋稳定存在。与面外成键的 Dzyaloshinskii 矢量稳定了 ab 平面螺旋线[67]。自旋旋转平面可以在极化反转相变中改变,其中极化的方向由施加的磁场控制[15]。在理论研究中对摆线螺旋自旋进行了广泛的模拟,现在可以理解在正交晶系锰氧化物中发现的大部分相[65]。

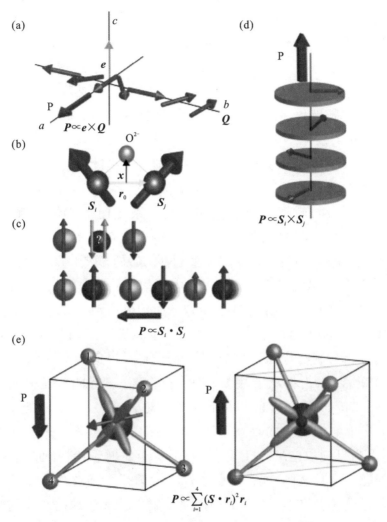

图 1-5　（a）以红色显示的自旋沿着矢量 e（绿色）旋转，螺旋序沿 Q 传播。这导致垂直于自旋链产生净极化。（b）相邻自旋 S_i 和 S_j 之间的 DM 相互作用。中间氧配体的位移 x 和相邻自旋 S_1 和 S_2 之间的间隔决定了 Dzyaloshinskii 矢量 D 的大小。（c）共线磁体中的对称交换限制。紫色球体为 Mn^{3+}（$S=2$），黄色球体为 Mn^{4+}（$S=3/2$）。平行自旋对齐导致自旋之间的距离更短，反平行排列导致键更长。（d）正当的螺旋自旋序，其净极化显示为与自旋螺旋的传播方向平行的紫色。绿色圆圈是自旋旋转的包络。（e）氧配体和过渡金属 $3d$ 轨道之间的 π 键合受过渡金属的自旋取向的影响。自旋驱动极化产生局部偶极矩。

由于磁失措,自旋螺旋通常出现在低温时。摆线螺旋自旋相通常在顺电相之前具有相应的正弦自旋序。然而,CuO 在 $230\sim213$ K[68]之间显示自旋螺旋序,Kitagawa 等人报道了在室温下六角铁氧体 $Sr_3Co_2Fe_{24}O_{41}$[69]中的磁电螺旋。另外,只需要适度的磁场(约 0.2 T)来控制极化,就可以使其成为器件应用的潜在候选者。

(2) p-d 杂化

$Ba_2CoGe_2O_7$ 是四方非中心对称的非极性结构,其中 Co^{2+} 离子与周围的 O 配体形成四面体,如图 1-5(e)所示。Co^{2+} 离子的 $3d$ 轨道与氧配体的 p 轨道的自旋依赖的 p-d 杂化使得杂化不对称,沿 Co—O 键产生不同的局部偶极矩。这种磁电耦合机制依赖于与配体配位的单个局域自旋,并通过自旋-轨道耦合调制[70,71]。$Ba_2CoGe_2O_7$ 在温度 $T_N=6.7$ K[72]以下表现出公度磁(基态)结构,其中反铁磁自旋被限制在四方(ab)平面内并且具有弱的平面内铁磁性成分[73]和伴随的极化[74]。Murakawa 等人[75]讨论了微观耦合机制。当自旋在底面上旋转时,由于自旋-轨道耦合导致 d_{yz}、d_{zx} 轨道[76]的混合(占据状态主要是 $d_{x^2-y^2}$ 和 $d_{3z^2-r^2}$ 特征),在上面的一对氧[图 1-5(e)中的氧 1、2]和下面的一对氧(氧 3、4)之间的电荷密度重新分布。自旋方向垂直于相关轨道的主平面[图 1-5(e)中的浅蓝色]。当自旋取向平行于上面的 O_1—O_2 对时,下键拉伸,导致向上的极化。自旋-轨道耦合增强了 t_{2g} 和 e_g 轨道的简并性[76]。沿着 c 的极化遵循正弦调制,其中磁场围绕 z 轴旋转。当沿此方向施加磁场时,P_c 最大。当磁场平行于 a 或 b 轴时,极化越过零点[75]。基于对称性考虑的详细分析描述了当磁场旋转时 $Ba_2CoGe_2O_7$ 如何通过一系列磁点群循环,并提供了实验观察到的行为的现象学根据[75,77]。此材料中的磁电效应也归因于环形矩的存在[78]。

(3) 正当螺旋自旋序

图 1-5(d)所示的是具有正当螺旋自旋序的材料,该材料中存在平行于螺旋自旋传播方向的极化现象,与前面讨论的摆线螺旋多

铁性形成鲜明对比。在这些材料中观察到的极化不能用摆线螺旋相的标准自旋流模型来解释。具有这种自旋序的铜铁矿 $CuFeO_2$ 母相，对其施加外场[79]在低于 14 K 的有序温度时显示出大量的磁相。在 10.5 K 以下的基态，相应的↑↑↓↓公度磁相在施加磁场到 7 T 时都能稳定存在[80]。当在 c 方向上施加磁场时，观察到多个场诱导的相变[79]。第一个场诱导相在 7～13.5 T[81]之间的磁场中是稳定的，并且是一个无公度的铁电相，表现出正当螺旋序[82]。通过 Al^{3+} 或 Ga^{3+}[83]对 Fe 进行部分化学取代，正当螺旋序可以在零磁场中稳定[84]。

在这些正当的螺旋磁体中观察到的极化可以用与自旋相关的金属配体 $p\text{-}d$ 杂化机制来解释[85]。此外，Kaplan 等人提出了逆 DM 机制[86]的外延，极化矢量与自旋扭曲成比例。在 Dzyaloshinskii 矢量中存在一个额外的正交项，如 Kaplan 和 Mahanti[86]所指出的那样，之前没有考虑到这一点。这里逆 DM 效应也是起作用的，类似于摆线自旋螺旋。

与自旋螺旋的传播矢量平行发展的极化值为 300 $\mu C \cdot cm^{-2}$[81]。Fe 的 $L_{2,3}$ 吸收边超晶格反射的软 X 射线共振散射研究表明 t_{2g} 态的轨道序通过自旋-轨道耦合稳定。轨道序引起金属-配体杂交的调制，证实了所提出的自旋依赖的 $p\text{-}d$ 杂化耦合机制[87]。

（4）铁轴多铁性（$CaMn_7O_{12}$）

在三角形四极钙钛矿 $CaMn_7O_{12}$[88-90]中，八面体配位的 Mn^{3+} 位点易受 Jahn-Teller 结构畸变的影响，导致氧八面体变形。在 250 K 时产生无公度的轨道序，伴随着无公度的超结构调制和铁轴向畸变，其中轨道沿着三重轴连续旋转。铁轴材料支持结构基元相对于晶体结构的其余部分围绕轴向矢量 **A** 可区分地顺时针或逆时针旋转。海森堡（Heisenberg）对称超交换相互作用的本质由 GKA（Goodenough-Kanamori-Anderson）规则[91]决定，并且轨道调制稳定了正当的螺旋磁结构。$CaMn_7O_{12}$ 在低于 $T_N = 90$ K 时有序化，并使磁性结构呈手性,特定轨道序会影响超交换相互作用。具有螺旋性的手征磁序与结构轴向耦合以产生极化。尽管都是通过逆 DM 机制引起极化晶格位移,但是这种铁-轴耦合机制不同于非手性摆线螺旋自旋中的磁电耦合机制[92]。在 $CaMn_7O_{12}$ 中观察到的极化值 2870 $\mu C \cdot cm^{-2}$ 是前所未有的[93]。

(5)对称交换伸缩

在对称交换中,相邻的自旋漂移以优化其交换能。$Ca_3Co_{2-x}Mn_xO_6$($x \sim 0.96$)材料是这种类型的磁致伸缩的缩影。这种机制早先由 Chapon[94] 提出,并依赖于对称超交换而不是自旋-轨道耦合。$Ca_3Co_2O_6$ 晶体结构包含交替的面共享 CoO_6 三角棱柱和八面体。Mn 对八面体配位有强烈的偏好,$Ca_3Co_2O_6$ 母体相可以在其一半八面体位置上容纳 Mn,这导致 Co^{2+} 和 Mn^{4+} 的交替链[95,96]。这种具有磁性活性的 Ising 链在低于 16.5 K 时有序化。最近邻铁磁和反铁磁超交换作用互相竞争,形成稳定的 ↑↑↓↓ 有序模式,由 Co^{2+} 和 Mn^{4+} 的线性链组成的 Ising 链组成。Co^{2+} 离子三角晶体场和自旋-轨道耦合导致 1.7 μ_B 的大磁矩和强 Ising 行为,使磁矩沿着自旋链方向保持刚性排列[97]。图 1-5(c)显示平行相邻自旋倾向于缩短键长,而反平行自旋对齐导致键延伸。与 $S_i \cdot S_j$ 成正比的极化伴随着沿着链的磁序而发展,在 2 K 时具有 90 $\mu C \cdot cm^{-2}$ 的极化值,如果沿 c 轴施加磁场则抑制该极化。

如图 1-6 所示,RMn_2O_5 含有沿 b 轴的不等价 Mn^{3+}($S=2$)和 Mn^{4+}($S=3/2$)位点的 Z 字形链,具有 $Mn^{4+}O_6$ 八面体和 $Mn^{3+}O_5$ 方锥体。YMn_2O_5 在冷却时显示出三种磁结构。第一个磁相是低于 45 K 时出现的顺电无公度(ICM-HT)相;第一个铁电相出现在 38 K 时,伴随着相应的公度(CM)反铁磁序。第二个无公度相(ICM-LT)出现在 20 K 以下,伴随摆线螺旋自旋序[98]沿着与 c 轴平行的共边 Mn^{4+} 八面体的线性链传播,如图 1-6 的右图所示[99]。

共线(CM)相中不正当的铁电性可以用对称交换伸缩效应来

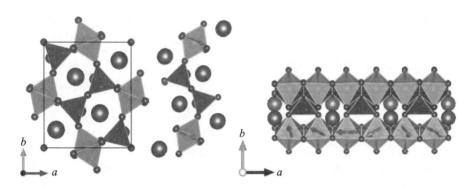

图 1-6　RMn$_2$O$_5$的晶体结构：Mn^{3+}O$_5$方锥体以红色显示，共边 Mn^{4+}O$_6$八面体以绿色显示。（左）Mn 的 Z 字形链在 ab 平面内旋转。（中）↑↑↓↑ Mn^{4+}-Mn^{3+}-Mn^{3+}-Mn^{4+}磁链与 b 轴平行。（右）沿着 c 轴传播的 ICM-LT 相的共边八面体中的摆线螺旋

解释[94]。如图 1-6 的中间示意图所示，磁性失措的自旋链沿 b 轴运行，由几对平行和反平行的 Mn^{3+}和 Mn^{4+}自旋组成，具有↑↑↓↑顺序。在该链中，通过极化晶格畸变获得交换能，其中反平行自旋之间的键合距离变小并且平行定向自旋之间的键合距离变大。集体磁致伸缩位移导致沿 b 轴产生大约 1100 μC·cm^{-2}的极化。

YMn$_2$O$_5$的不正当铁电性具有双重性，源于与沿 c 轴的摆线螺旋自旋相关的逆 DM 相互作用以及与共线自旋序相关的对称交换约束。Wakimoto 等人[99]通过 Ga^{3+}选择性地取代主晶格中的 Mn^{3+}，2％的取代破坏了 AFM（反铁磁）之字形链并破坏了 CM 序。然而，他们确实在低于 20 K 温度时观察到极化现象，其中出现了摆线自旋相。

1.4　多铁性的微观机制

在上述钙钛矿多铁性材料的研究之后，寻找允许铁电和磁性共存的非位移型铁电性材料成为该领域的焦点[100]。基于诱导多铁

性的机制将这些材料分成四个主要类别。铁电性可以由孤对电子、几何效应、电荷序或自旋驱动(图 1-7)。在前三类中,磁性和铁电性独立发生,多铁性材料表示为 Ⅰ 型。在最后一类中,铁电和磁性相变共同出现,在这种情况下,多铁性材料是 Ⅱ 型。

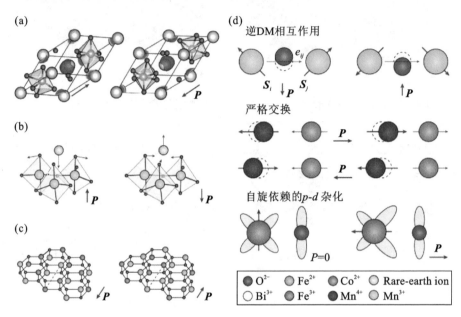

图 1-7 多铁性的微观机制[100]

(a)孤对电子;(b)几何效应;(c)电荷序;(d)自旋

(1) 孤对电子

孤对电子机制是基于由宿主离子周围的未键合价电子的各向异性分布产生的空间不对称性。这种机制是在 $BiFeO_3$ 中观察到的室温铁电性的原因。在这种材料中,$6s$ 轨道中的一对 Bi^{3+} 价电子不参与 sp 杂化,孤对电子相对来说较不稳定,会偏离对称中心,导致极化的产生,并形成局部偶极子。若此时 B 位是过渡金属磁性离子,铁电磁性共存就顺理成章。$BiFeO_3$ 在低于居里温度 $T_C = 1103$ K 时产生大约 $100\ \mu C \cdot cm^{-2}$ 的自发极化,在 Néel 温度 $T_N = 643$ K 以下出现长程周期性反铁磁结构。在孤对电子系统中,

$BiFeO_3$是唯一的室温单相多铁性材料,电极化强度大和磁电耦合现象明显。

(2)几何效应

空间填充效应和几何约束可能导致材料结构不稳定。如果是这种空间效应而不是化学键导致离子位移并形成极性态的,则可以使用几何铁电性这一术语。例如,在六角相 $RMnO_3$($R=Sc$、Y、In或 $Dy\text{-}Lu$)材料中,单胞三倍化形变驱动在 $T_c\geqslant1200$ K 时出现铁电极化 $P_s=5.6\ \mu C\cdot cm^{-2}$,在 $T_N\leqslant120$ K 时出现磁性长程序。在六角相 $LuFeO_3$ 薄膜中也观察到类似的行为,其表现出更大的磁矩和室温磁序,但是在该材料中仍然需要证明磁电耦合。另一个例子是 $BaNiF_4$,其中 Ba^{2+} 和 F^- 位点的不对称导致自发电极化。尽管它的值很小(大约 $0.01\ \mu C\cdot cm^{-2}$),但这种极化是有意义的,因为它耦合到弱的铁磁矩,因此可以与电极化切换。最后,两个非极性晶格模式之间的合作驱动了 $Ca_3Mn_2O_7$ 中的铁电极化。这种极化可以与化合物的倾斜磁矩相互作用。

(3)电荷序

价电子可以非均匀地分布在晶格中的宿主离子周围形成周期性的超结构。例如,有人提出 $LuFe_2O_4$ 中的 Fe 离子可能形成具有 Fe^{2+} 和 Fe^{3+} 离子交替有序的超晶格。这种电荷序可能是电极化的来源,因此也是铁电性的来源。电荷序多铁性一般存在于包含多价态过渡金属离子的化合物中。电荷序会使在位离子和成键不等价,从而导致极化,过渡金属离子则提供长程磁序。$LuFe_2O_4$ 是电荷序驱动多铁性的主要候选者,但经过十年的研究,这种材料中铁电的产生仍然受到质疑。电荷序驱动的多铁性也可以解释混合锰氧化物 $Pr_{1-x}Ca_xMnO_3$ 中的电极化。目前,电荷序驱动的多铁性基本上仍处于一个有趣的概念形成阶段。

(4)自旋

铁电极化来源于体系的磁序,铁电和磁序参量存在本征耦合,这类材料被称为磁致铁电性材料。磁序可以破坏反演对称性,自旋和电荷的相互作用可以将非中心对称性从磁性转移到电子晶格,从而驱动极性态的形成。这些磁序引起的所谓的不正当的铁电性材料与位移型铁电体有显著区别,位移铁电体的磁序被抑制,而不正当铁电体是由磁序引起电极化的材料。到目前为止,已经建立了实现这种多铁性的三条主要途径[图 1-7(d)]。

讨论最广泛的机制是所谓的逆 DM 相互作用。在 DM 相互作用中,非中心对称晶体环境促进反对称磁相互作用,在 DM 作用的反过程(逆 DM 相互作用)导致离子位移与电子云的偏移,不对称自旋结构驱动电荷的非中心对称位移。自旋轨道耦合对于 DM 和逆 DM 相互作用都是至关重要的。由逆 DM 相互作用产生的极化基本上由反对称交换观点的自旋配置的优化确定,用相邻自旋 $S_{i,j}$ 的反对称矢量积 $S_i \times S_j$ 表示。它产生(反铁)磁序和电极化之间的一对一对应关系。这种类型的多铁性首先在 Cr_2BeO_4、正交 $TbMnO_3$ 和 $CaMn_7O_{12}$ 等材料中被发现,其中最后一种材料可以被证明具有迄今为止用这种机制实现的最高极化值($0.3\ \mu C \cdot cm^{-2}$)。

与 DM 相互作用相反,类似于 Heisenberg 交换条件描述了由对称自旋内积 $S_i \cdot S_j$ 的优化得到的电荷的非对称位移。首先在 $TbMn_2O_5$ 材料中观察到由这种位移产生的铁电性。正交 $TbMnO_3$ 材料中的非相对论对称交换超越相对论反对称机制($|S_i \cdot S_j| > |S_i \times S_j|$),当螺旋序(由 $S_i \times S_j$ 参数化)在压力作用下转化成共线反铁磁序(由 $S_i \cdot S_j$ 参数化),极化矢量会增加一个数量级。一般来说,违反反演对称性磁序可能以多种方式发生,因此,自旋分布可以比现有已知的构型更有效地促进铁电性。

1.5　磁性的起源与规律

物质的磁性自古以来就引起了人类的兴趣。早在 3000 多年前,古希腊人 Thales 就已经发现了天然磁现象,而 1500 年前中国人就已经对磁性进行了实际的应用——发明了指南针。从最小的基本粒子到宏观的宇宙天体,严格来说都具有磁性,只是强弱程度不同而已。磁性材料现在已经被广泛应用到人类生活的各个方面,在现代文明中扮演着极其重要的角色。但长期以来,人们对物质磁性的了解却一直停留在现象阶段。直到 19 世纪以后,随着科学技术的发展,人们才开始对磁性的物理本质有了一定的了解。而量子力学的出现,又使人们得以从微观的角度深入探讨物质磁性的起源和规律,从而逐步建立起了关于磁现象的科学理论。

1.5.1　磁性的宏观特征

从磁性角度可以把固体材料大致分为两类:一类是包含顺磁性离子的固体;另一类是不含顺磁性离子的固体[101]。所谓顺磁性离子,是指 d 壳层不满的过渡族元素或 f 壳层不满的稀土族元素。包含有顺磁性离子的固体,大都是磁性材料。这些顺磁性离子在结合成固体时,由于有不满的内壳层而保持固有磁矩。在外磁场的作用下,这些固有磁矩会趋向与外场方向一致,表现出顺磁性行为,因此把具有未满壳层的离子叫作顺磁性离子。顺磁性离子之间的固有磁矩还会由于量子力学效应产生交换相互作用。如果这种交换相互作用不是很强,那么在没有外加磁场的情况下,由于热振动的无序性,物质不会表现出宏观的磁性。但是当这种交换相互作用足够强,可以克服热振动的无序性,在没有外磁场的作用下物质也会表现出宏观磁性,这就是所谓的自发磁化。

物质在磁场 H 的作用下都有一定的磁化强度 M 与之相对应,它是单位体积或单位质量中物质的总磁矩,通常用磁化率 χ 来表示物质磁化的难易程度,χ 是描述物质磁性的重要物理量。在外磁场 H 中,物质的磁化强度 M 可以写成下面的形式:

$$M = \chi H \qquad (1\text{-}1)$$

不同物质的磁化率差别很大,在宏观上表现出的磁行为也不同。按 χ 的大小、符号以及与温度、磁场的关系来划分,固体中的磁性主要包括五种类型:抗磁性、顺磁性、铁磁性、反铁磁性及亚铁磁性。前面两种只代表独立磁矩集合的性质,后面三种反映的是大量磁矩的合作现象。

(1) 抗磁性

某些物质受到外磁场 H 的作用后,会在内部感生出与 H 方向相反的磁场,其磁化率 $\chi < 0$,数值为 $-10^{-7} \sim -10^{-6}$,与磁场和温度均无关。这种磁行为称为抗磁性,相应的物质就是抗磁性物质。严格来说,一切物质都具有一定的抗磁性,但我们通常所说的抗磁性物质是指由满壳层原子所组成的物质。它通常包括惰性气体、许多有机化合物、若干金属和非金属等。

抗磁性可以分为三类:一般抗磁性、金属中传导电子的抗磁性以及超导体的抗磁性。

① 一般抗磁性是由于原子中电子轨道对外磁场的抗磁性响应产生的,因而是普遍存在的。电子轨道在磁场作用下以磁场方向为轴做拉莫尔进动(Larmor precession)。这种磁场感应的附加电子运动产生的磁矩总是与磁场反向,因而产生抗磁性。如果物质中单位体积内含有 n 个原子,每个原子中有 Z 个电子,则抗磁磁化率为

$$\chi_d = -\frac{\mu_0 n e^2}{6mc} \sum_i^Z \overline{r_i^2} \qquad (1\text{-}2)$$

② 传导电子的抗磁性普遍存在于金属中。当传导电子受到磁场作用时,电子在垂直于磁场的平面上做回旋运动,产生一个与外磁场反向的磁矩,从而具有抗磁性。这种抗磁性是 Landau 最先提出的,又被称为 Landau 抗磁性。按经典理论,电子在磁场作用下能量是不变的,因而对磁场没有贡献。Landau 导出的自由电子的抗磁磁化率为

$$\chi_{ed} = -\frac{1}{2}\frac{n\mu_B^2}{k_B T_F}\left(\frac{m}{m^*}\right)^2 \tag{1-3}$$

与温度无关,其中 $n = N/V$ 为自由电子密度,T_F 为 Fermi 温度,Fermi 面能量 $E_F = k_B T_F$,k_B 为玻尔兹曼常数,m 和 m^* 为自由电子质量和能带电子有效质量。

③ 超导体具有完全抗磁性,即迈斯纳效应(Meissner effect,见图 1-8)。1933 年德国物理学家迈斯纳(W. Meissner)和奥森菲尔德(R. Ochsebfekd)对锡单晶球超导体做磁场分布测量时发现,在弱磁场中把金属冷却进入超导态时($T < T_C$),磁力线不能穿过它的体内,超导体具有完全的抗磁性。也就是说超导体处于超导态时,超导体内部磁场恒等于零。

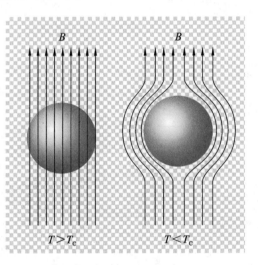

图 1-8　迈斯纳效应

(2) 顺磁性

如果物质在受到外磁场 H 的作用后,在内部感生出与外磁场 H 同方向的磁场,相应的磁化率 $\chi > 0$,数值为 $10^{-5} \sim 10^{-3}$。这种磁行为称为顺磁性,相应的物质就是顺磁性物质。顺磁性物质的原子具有固有磁矩,它们在外磁场的作用下有沿磁场方向取向的趋势,因此会在内部产生与外场同向的磁场。具有顺磁性的物质很多,典型的有稀土金属和铁族金属的盐类等。多数顺磁性物质的磁化率 χ 与温度 T 有密切的关系,服从 Curie 定律(图 1-9)

$$\chi = \frac{C}{T} \tag{1-4}$$

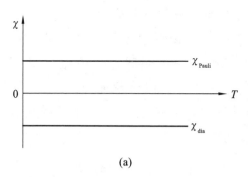

(a)

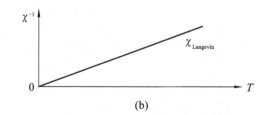

(b)

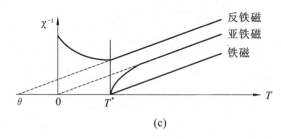

(c)

图 1-9　磁化率 χ、磁化率倒数 χ^{-1} 对温度的依赖关系曲线[102]

(a) 抗磁性(diamagnetism)和 Pauli 顺磁性(paramagnetism);(b) Langevin 顺磁性;(c) 铁 磁 性(ferromagnetism),反 铁 磁 性(antiferromagnetism)和 亚 铁 磁 性(ferrimagnetism),T^* 是临界温度、θ 是顺磁 Curie 温度

或者 Curie-Weiss 定律：

$$\chi = \frac{C}{T-\Theta} \tag{1-5}$$

其中 C 为 Curie 常数，Θ 是临界温度，称为顺磁 Curie 温度或者 Curie-Weiss 温度。

顺磁性是指物质在外磁场作用下能产生与磁场同向但数值比较小的磁化强度的响应特性。通常有三种情形：

① 普通顺磁性，固体中存在具有固有磁矩的原子或离子，但磁矩之间没有相互作用或相互作用很弱，不能形成磁矩的有序排列，例如许多含有过渡金属元素或稀土元素的化合物就是属于这一类。由于磁场作用能近似等于 $H\mu_B$，远小于常温下的热运动能 $k_B T$，因此顺磁磁化率 χ 也很小。在常温下和一般磁场中，磁化率不随磁场变化，随着温度上升而减小。当材料中含有的磁性离子少时，相互作用微弱使磁化率服从 Curie 定律。当相互作用不可忽略时，遵守 Curie-Weiss 定律。

② Pauli 顺磁性，是金属传导电子或其他自由电子体系在磁场作用下所表现出的顺磁性。当没有外磁场作用时，传导电子中两种自旋状态的电子数目相等，可将能带分为正、负自旋两个子能带，两种自旋的电子填充两个子能带至同一高度 E_F。在磁场作用下，自旋磁矩平行于磁场的电子能量变小，而自旋磁矩反平行于磁场的电子能量变大，两个子能带相对错开，达到电子填充到同一最高能级，但这时两种自旋的电子数不再相等，从而产生与外磁场同向的磁化强度。磁场中自由电子的分布见图 1-10。

Pauli 根据自由电子近似的计算，给出 0 K 时的磁化率表达式为

$$\chi_{ep} = \frac{3n\mu_B^2}{2k_B T_F} \tag{1-6}$$

自由电子顺磁磁化率为自由电子抗磁磁化率绝对值的 3 倍。因此，

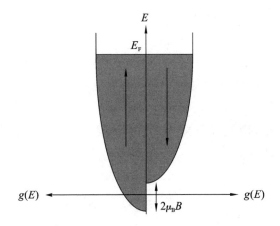

图 1-10　磁场中自由电子的分布[102]

自由电子顺磁性比抗磁性强,总的表现为顺磁性。金属传导电子的磁化率是 Pauli 顺磁磁化率与 Landau 抗磁磁化率之和:

$$\chi_e = \chi_{ep} + \chi_{ed} = \frac{3}{2}\frac{n\mu_B^2}{k_B T_F}\left[1 - \frac{1}{3}\left(\frac{m}{m^*}\right)^2\right] \tag{1-7}$$

③ 铁磁性、反铁磁性及亚铁磁性物质在温度超过临界点时表现出的顺磁性。

（3）铁磁性

物质内部的原子磁矩是按区域自发平行取向的,在很小的磁场 H 的作用下就能被磁化到饱和,磁化率 $\chi \gg 0$,数值大到 $10^1 \sim 10^6$ 数量级。其磁化强度 M 与磁场强度 H 之间的关系是非线性的,反复磁化时会出现磁滞现象。这种类型的磁行为被称为铁磁性。铁磁性物质在某个临界温度 T_c 以下时,会发生自发磁化,而当温度高于这个临界温度时,将变成顺磁性,并服从式(1-5)的 Curie-Wiess 定律,临界温度 $\Theta > 0$。具有铁磁性的元素不多,但具有铁磁性的合金和化合物却多种多样。到目前为止,发现了九种纯元素晶体具有铁磁性,它们是三种 $3d$ 金属 Fe、Co、Ni 和六种 $4f$ 金属 Gd、Tb、Dy、Ho、Er 和 Tm。

铁磁性材料在外磁场中的磁化过程不可逆,存在磁滞现象。图 1-11是一个典型的磁化曲线。OA 表示对未磁化的样品施加磁场 H,随着 H 增加磁化强度不断增加,当 H 增加到 H_s 时达到饱和磁化强度 M_s。饱和后再减小磁场,磁化强度并不是可逆地沿原始磁化曲线下降,而是沿着图中 AB 线变化,在 B 点磁场强度已减为零,但磁化强度并没有消失。只有当磁场沿着相反方向增加到 $-H_c$ 时,磁化强度才变为零,H_c 称为矫顽力。继续增加反向磁场到 $-H_s$ 可以使磁化强度达到反向的饱和,这时如果再由 $-H_s$ 增加到 H_s,磁化强度将完成如图所示的回线,称为磁滞回线。M_s 称为饱和磁化强度;M_r 称为剩余磁化强度。H_c、M_s 和 M_r 是描述铁磁性材料性质的三个重要物理量。

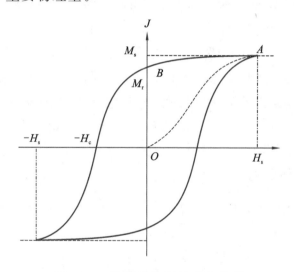

图 1-11　铁磁性物质的磁化曲线

最早解释铁磁性的理论是 1907 年由 Weiss 提出的"分子场"和"磁畴"两个理论假说:

① 铁磁体内存在强大的分子场,无须外加磁场作用就能使原子磁矩平行排列从而产生自发磁化。

② 实际宏观的铁磁体内包含许多自发磁化的区域,它们的磁

化方向不同,因此,总的磁化强度为零,这种自发磁化的区域被称为"磁畴"。外加磁场的作用仅仅是促使不同磁畴的磁矩取得一致的方向,从而使铁磁体表现出宏观的磁化强度。

Weiss 的分子场理论的两个假说后来被实验所证实。根据这两个假说所建立的铁磁性唯象理论很成功,为后来铁磁性理论的发展奠定了基础。

(4)反铁磁性

当温度在某个临界温度 T_N 以上时,磁化率 χ 与温度 T 的关系与顺磁性物质相似,也服从式(1-5)的 Curie-Weiss 定律,但是临界温度 $\Theta < 0$。而当 $T < T_N$ 时磁化率 χ 不是继续增大,而是逐渐减小并趋近于某个定值。所以这类物质的磁化率 χ 在温度等于 T_N 时存在极大值。T_N 是一个临界温度,称为 Néel 温度。这类物质就是反铁磁性物质。常见的反铁磁性物质(图 1-12、图 1-13)有过渡元素的盐类及其氧化物,如 MnO、CrO、CoO 等。反铁磁性物质在 Néel 温度以下时,也会发生自发磁化,但其内部磁结构按子晶格呈现自旋反向排列:相邻两个子晶格的自旋磁矩大小相等而方向相反,故它的宏观磁性等于零。只有在很强的外磁场作用下反铁磁性物质才能显示出微弱的磁性。

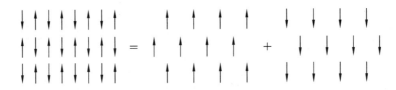

图 1-12　反铁磁性物质的晶格

(5)亚铁磁性

在温度低于临界温度 T_c 时的磁行为与铁磁体相似,也会发生自发磁化,但自发磁化强度和磁化率 χ 都不如铁磁物质的那么大,χ 为 $10^0 \sim 10^3$ 数量级。而在高于临界温度 T_c 时,它的行为又变得

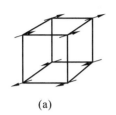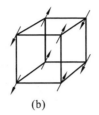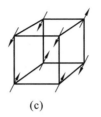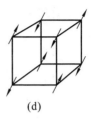

(a)　　　　　　　　(b)　　　　　　　　(c)　　　　　　　　(d)

图 1-13　简单立方晶格的反铁磁有序态

(a)A 型;(b)C 型;(c)E 型;(d)G 型

像顺磁性物质的。亚铁磁性物质的内部磁结构与反铁磁性的相同,但相反子晶格上排列的自旋磁矩不相等,所以亚铁磁性实际上就是未能完全抵消反铁磁性的铁磁性。众所周知的铁氧体就是典型的亚铁磁性物质。

1.5.2　磁性的微观起源

物质宏观磁性的不同,来源于微观自旋磁矩排列方式的不同。按照量子力学的观点,两个相邻的自旋磁矩会由于交换相互作用发生耦合而趋向于平行或者是反平行排列。但是当物体的温度比较高或者相邻磁性原子之间的距离较大时,其自旋磁矩之间的耦合作用就小于破坏耦合的热振动的能量,因此自旋在空间的取向是无序的,就形成了宏观上的顺磁性。而当物体的温度比较低或者磁性原子之间的距离变小,自旋之间的耦合效应就能够克服热振动的无序性从而有序排列:当相邻自旋以反方向排列而且具有相同的磁量子数,就形成反铁磁体;当相邻自旋以反方向排列但具有不同的磁量子数,形成的宏观物质具有亚铁磁性,称为亚铁磁体;当相邻自旋以同一方向排列,形成的宏观物质具有铁磁性,称为铁磁体。除此之外,自旋还能以别的方式有序排列,相应地形成的宏观物质表现出其他磁性。图 1-14 给出了顺磁性、铁磁性、反铁磁性、亚铁磁性材料中自旋排列的示意图。

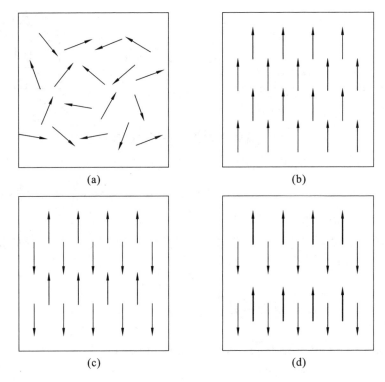

图 1-14　自旋排列方式与磁性的微观分类[13]

(a)顺磁性；(b)铁磁性；(c)反铁磁性；(d)亚铁磁性

1.6　多铁性的研究内容与面临的挑战

　　近十年来，随着材料制备技术、表征方法和理论计算的进步，以及现代信息社会对新信息功能器件的迫切需要，多铁性材料及其器件的研究迎来了前所未有的快速发展。*Nature*、*Science* 等国际著名期刊报道了多铁性材料丰富的物理内涵和新的实验现象，并在世界范围内引起了对多铁性的关注。以论文形式发表的研究成果呈指数增长。自 2005 年以来，在材料研究领域被称为"风向标"的美国材料研究学会（MRS）系列会议上，年会将"多铁和磁电"列为其中的一个重要分支,吸引了许多研究人员的参与和关注[9,103]。

多铁性的研究范围主要包括:①电/磁功能材料科学(铁电性材料、磁性材料、多铁性磁电材料);②凝聚态物理学(强关联凝聚态体系、自旋-轨道-电荷-晶格相互作用);③自旋电子学(自旋电子学、磁电子学、多铁性磁电子学);④电子器件物理与技术。

多铁性领域的基本研究内容主要包括:

(1)单相多铁性材料的合成、磁电耦合机理与应用,主要目标是探寻具有铁电、磁性与显著磁电耦合的新材料体系。

(2)多铁性异质结的设计、制备与磁电调控器件,主要目标是发展异质结磁电调控的新原理与新概念,在此基础上设计并构建高品质多铁性异质结,实现室温下电磁调控,并结合微电子技术研制新型多铁性多态存储新器件及新一代电磁耦合多功能器件。

(3)多铁性材料的关联电子新效应研究:多铁性材料属于典型的强关联电子系统,探索与挖掘多铁性材料中源于关联电子物理的相关新效应也是多铁性研究的重要内容。多铁性材料综合了铁电体和磁性材料的特性,其能隙介于典型铁电体的宽带隙($2.5\sim5.0$ eV)与自旋系统的窄带隙(大约 1.0 eV)之间,因此对外部激励表现出巨大响应。典型的效应包括磁致电阻效应、电致电阻效应和阻变效应,以及多铁性材料复杂的能带结构使得其对光子激发有很强的响应。

(4)基于材料基因组基本理念及基因设计(化学元素选择与结构单元构建)建立多铁性材料的高通量计算模型和方法。在高通量计算平台框架下,发展具有定量意义的多尺度模拟计算方法及软件,有针对性地拓展第一性原理计算及多尺度计算模拟并应用于多铁性新材料及异质结设计,揭示多铁性材料的铁电、磁、磁电耦合效应的根源及其随结构、成分及外场的变化规律,对多铁性中多重铁性序参量的基态与低能激发态、电-磁相互耦合与调控、结构-性能关系提供具有定量意义的预言与指导。通过高通量计算设计与高通量材料合成及表征有机结合,最终实现基于多铁性磁电材料的新一代磁电器件。

正如 Fiebig 等人所指出的,尽管多铁性领域的研究取得了一些进展,当前的一些研究目标仍然与 20 世纪 60 年代相同,可以大胆地假设它们将继续让研究人员忙碌一段时间[100]。这些目标包括寻求具有强磁性和电性耦合的新材料,这可能会使已知的数量非常有限的室温多铁性材料的数量增加。特别是,还不知道具有明显且强耦合的自发磁化和极化的室温多铁性。可以发现驱动多铁性的新机制,但现有的机制远未被充分利用。例如,有许多方法可以获得稳定不正当的铁电状态的磁性序。与现有的自旋诱导的铁电体相比,预测和初步发现有希望获得固有的有序温度更高和极化强度更大的材料。其他代表性不足的材料类别,例如非氧化物化合物和有机材料可能存在多铁性。

发现磁化由电场控制,尤其是低电压的室温和超快速切换的多铁电器件仍然是本领域的主要目标。获得的主要成就是在 $BiFeO_3$-CoFe 异质结构中通过电场实现可重复的室温磁化反转,以及在低温下运行的多铁性记忆存储器。这些是将多铁性材料集成到器件中的重要步骤,但是为了开发竞争性技术,必须优化这些器件概念的动态性、可靠性和抗疲劳性等关键方面。除此之外,已经提出了由自旋极化电流施加的自旋力矩或自旋轨道控制力矩的替代路线图。

多铁性薄膜和异质结构具有很大的应用潜力。第一,它们可能形成结合磁和电长程序的新型系统。多铁性可以源于一种材料内的应变、限域或梯度效应,以及不同材料之间的界面效应。所有这些可能性都代表了迄今为止探索的自由度还很浅显。第二,具有强耦合铁电和铁磁层的异质结可用于构建磁电忆阻器。在这种装置中,电场设定铁电层的极化状态,然后将其转移到磁性层,在那里它通过耦合到相邻的铁磁参考层来限定忆阻状态。第三,可以组装具有与其各个成分的对称性不同的整体对称性的多层异质结构。在这种整体对称的前提下,甚至可以通过例如反演来实现构成异质结构的某一层的序参数。通过三层异质结构的层选择性极化取向在概念上已经被证实了,例如 $PbZr_{0.2}Ti_{0.8}O_3$-$La_{0.7}Sr_{0.3}MnO_3$-$PbZr_{0.2}Ti_{0.8}O_3$。通过设定外层的相对极化,三层结构的积分空间反演对称性根据需要被激活或去激活。因此,外磁有序层的磁场极化可以打开或关闭时间反向对称。第四,对畴壁的关注将变得更多,因为与氧化物界面一起工作是有利的,氧化物界面可以在生长后产生、移动和消失(与传统的界面相比,畴壁一旦生长,就不能被修改)。可控畴壁可能是电场控制的赛道隧道存储器的关键。利用磁电效应,电场可以作用在磁畴壁上并使其移动。或者,如果畴壁是多铁性的,则电场可以直接作用于壁极化。与大量化合物一样,这些概念可以扩展到非氧化物薄膜。

另一个可能对多铁性材料的未来应用起重要作用的元素是skyrmions-磁性回旋,这种回旋首先在半金属系统中被观察到,并且在多铁性绝缘体中被检测到。在多铁性绝缘体中,skyrmions 是局部的,操纵它们的常用工具——电流不能流动,但是与铁序共存和建立磁电的控制的可能性值得进一步探索。例如,具有不对称自旋序(而不是非同心晶体结构)系统中的 skyrmions 可以提供通向巨大的、局部可控的磁电相互作用的可能。

多铁性领域在促进以前不相交的研究学科之间的合作方面也发挥着突出作用——具有强磁电相互作用的系统对不同领域具有吸引力。例如,在生长期间追踪薄膜的厚度已经不够了,还需要连续控制其新兴的多种铁性质。为了达到此目的,沉积技术与原位电和磁光谱的组合可能非常有效。

在多铁性研究中,动态现象仍然是一个被低估的主题。随着磁电转换作为该领域的终极目标之一,必须更加关注这些重新定向的时间演变。一个重要的方面是序参数反转的速度,因为存储器应用程序在皮秒内发生。在这方面,多铁性状态的全光控制可以是特别有益的目标。另一方面,如果考虑磁电开关、传感器或换能器,则逆转需要在各个独立的畴高度可再现。除了在磁性序参数的取向和电场的取向之间建立异构关联之外,可以考虑更复杂类型的磁电控制。例如,如果是多铁性的状态的特征在于三个或更多序参数,有可能反转整个磁畴分布;畴的模式保持不变,但在每个单独的畴中,序参数相反。非均匀物理状态的反演具有很大的技术意义。例如,它是核磁共振断层扫描中的脊柱效应和有源降噪的基础。

总之,尽管经过 50 多年的研究,多铁性领域已经达到了一定的水平,但它还远未成熟,需要不断地进行探索,最令人兴奋的结果和发现有可能尚未实现。

参 考 文 献

[1] SPALDIN N A, FIEBIG M. The renaissance of magnetoelectric multiferroics[J]. Science,2005,309(5733):391-392.

[2] GAJEK M,BIBES M,FUSIL S,et al. Tunnel junctions with multiferroic barriers[J]. Nature Materials,2007,6(4):296-302.

[3] RAMESH R,SPALDIN N A. Multiferroics:Progress and prospects in thin films[J]. Nature Mater,2007,6(1),21-29.

[4] TOKURA Y,NAGAOSA N. Orbital physics in transition-metal oxides [J]. Science,2000,288(5465):462-468.

[5] DAGOTTO E. Complexity in strongly correlated electronic systems[J]. Science,2005,309(5732):257-262.

[6] VALASEK J. Piezo-electric and allied phenomena in Rochelle salt[J]. Physical Review,1921,17(4):475.

[7] SPALDIN N A, CHEONG S W, RAMESH R. Multiferroics:Past, present,and future[J]. Phys. Today,2010,63(10):38-43.

[8] 董帅,刘俊明. 多铁性材料:过去,现在,未来[J]. 物理,2010,39(10):714-715.

[9] 南策文. 多铁性材料研究进展及发展方向[J]. 中国科学:技术科学,2015,

4:339-357.

[10] SMOLENSKII G A,ISUPOV V A,KRAINIK N N,et al. Concerning the coexistence of the ferroelectric and ferrimagnetic states [J]. Izvestiya Rossijskoj Akademii Nauk. Seriya Fizika Atmosfery i Okeana,1961,25:1333.

[11] ASCHER E,RIEDER H,SCHMID H,et al. Some properties of ferromagnetoelectric nickel-iodine boracite, $Ni_3B_7O_{13}I$ [J]. Journal of Applied Physics,1966,37(3):1404-1405.

[12] SCHMID H. Multi-ferroic magnetoelectrics[J]. Ferroelectrics,1994, 162(1):317-338.

[13] HILL N A. ChemInform abstract:Why are there so few magnetic ferroelectrics? [J]. ChemInform,2000,31(49):6694-6709.

[14] FIEBIG M,LOTTERMOSER T,FRÖHLICH D,et al. Observation of coupled magnetic and electric domains[J]. Nature,2002,419(6909): 818-820.

[15] KIMURA T,GOTO T,SHINTANI H,et al. Magnetic control of ferroelectric polarization[J]. Nature,2003,426(6962):55.

[16] HUR N,PARK S,SHARMA P A,et al. Electric polarization reversal and memory in a multiferroic material induced by magnetic fields[J]. Nature,2004,429(6990):392.

[17] BUURMA A J C,BLAKE G R,PALSTRA T T M,et al. Multiferroic materials:Physics and properties[M]. Pergamon:Elsevier, 2006.

[18] CATALAN G,SCOTT J F. Physics and applications of bismuth ferrite [J]. Advanced Materials,2009,21(24):2463-2485.

[19] BOKOV V A,MYLNIKOVA I E,SMOLENSKII G A. Ferroelectric antiferromagnetics[J]. Soviet Physics Jetp-Ussr,1962,15(2):447-449.

[20] WANG J, NEATON J B, ZHENG H,et al. Epitaxial $BiFeO_3$ multiferroic thin film heterostructures[J]. Science,2003,299(5613): 1719-1722.

[21] ROJAC T, KOSEC M, BUDIC B, et al. Strong ferroelectric domain-wall pinning in $BiFeO_3$ ceramics[J]. Journal of Applied Physics,2010, 108(7):074107.

[22] LEBEUGLE D, COLSON D, FORGET A, et al. Room-temperature coexistence of large electric polarization and magnetic order in $BiFeO_3$ single crystals[J]. Physical Review B,2007,76(2):024116.

[23] HERON J T, BOSSE J L, HE Q, et al. Deterministic switching of ferromagnetism at room temperature using an electric field [J]. Nature,2014,516(7531):370.

[24] KATSUFUJI T, TAKAGI H. Coupling between magnetism and dielectric properties in quantum paraelectric $EuTiO_3$ [J]. Physical Review B,2001,64(5):054415.

[25] LEE J H, FANG L, VLAHOS E, et al. A strong ferroelectric ferromagnet created by means of spin-lattice coupling[J]. Nature, 2010,466(7309):954.

[26] VAN AKEN B B, MEETSMA A, PALSTRA T T M. Hexagonal $YMnO_3$ [J]. Acta Crystallographica Section C: Crystal Structure Communications,2001,57(3):230-232.

[27] ABRAHAMS S C. Ferroelectricity and structure in the $YMnO_3$ family [J]. Acta Crystallographica Section B:Structural Science,2001,57(4): 485-490.

[28] BOS J W G, AKEN V B B, PALSTRA T T M. Site disorder induced hexagonal-orthorhombic transition in $Y_{1-x}^{3+}Gd_x^{3+}MnO_3$[J]. Chemistry of Materials,2001,13(12):4804-4807.

[29] HUANG Z J, CAO Y, SUN Y Y, et al. Coupling between the ferroelectric and antiferromagnetic orders in $YMnO_3$ [J]. Physical Review B,1997,56(5):2623-2626.

[30] KATSUFUJI T, MORI S, MASAKI M, et al. Dielectric and magnetic anomalies and spin frustration in hexagonal $RMnO_3$ (R= Y, Yb, and

Lu)[J]. Physical Review B,2001,64(10):104419.

[31] LOTTERMOSER T,LONKAI T,AMANN U,et al. Magnetic phase control by an electric field[J]. Nature,2004,430(6999):541-544.

[32] ISMAILZADE I G,KIZHAEV S A. Determination of the curie point of the ferroelectrics $YMnO_3$ and $YbMnO_3$ (High temperature X-ray examination of yttrium manganate and ytterbium manganate to determine Curie point) [J]. Soviet Physics-Solid State, 1965, 7: 236-238.

[33] ŁUKASZEWICZ K,KARUT-KALICIŃSKA J. X-ray investigations of the crystal structure and phase transitions of $YMnO_3$ [J]. Ferroelectrics,1974,7(1):81-82.

[34] LONKAI T,TOMUTA D G,AMANN U,et al. Development of the high-temperature phase of hexagonal manganites[J]. Physical Review B,2004,69(13):134108.

[35] NENERT G,REN Y,STOKES H T,et al. Symmetry changes at the ferroelectric transition in the multiferroic $YMnO_3$[J]. ArXiv Preprint Cond-mat/0504546,2005.

[36] GIBBS A S,KNIGHT K S,LIGHTFOOT P. High-temperature phase transitions of hexagonal $YMnO_3$ [J]. Physical Review B, 2011, 83 (9):094111.

[37] XU X,WANG W. Multiferroic hexagonal ferrites (h-$RFeO_3$,R=Y, Dy-Lu):A brief experimental review[J]. Modern Physics Letters B, 2014,28(21):1430008.

[38] WANG W B,ZHAO J,GAI Z,et al. Room-temperature multiferroic hexagonal $LuFeO_3$ films [J]. Physical Review Letters, 2013, 110 (23):237601.

[39] SCOTT J F. Phase transitions in $BaMnF_4$[J]. Reports on Progress in Physics,1979,42(6):1055-1084.

[40] EDERER C,SPALDIN N A. Origin of ferroelectricity in the

multiferroic barium fluorides BaMnF$_4$: A first principles study[J]. Physical Review B,2006,74(2):024102.

[41] TOLEDANO P,SCHMID H,CLIN M,et al. Theory of the low-temperature phases in boracites: Latent antiferromagnetism, weak ferromagnetism, and improper magnetostructural couplings [J]. Physical Review B,1985,32(9):6006-6038.

[42] STROPPA A,JAIN P,BARONE P,et al. Electric control of magnetization and interplay between orbital ordering and ferroelectricity in a multiferroic metal-organic framework [J]. Angewandte Chemie International Edition,2011,50(26):5847-5850.

[43] POLYAKOV A O,ARKENBOUT A H,BAAS J,et al. Coexisting ferromagnetic and ferroelectric order in a CuCl$_4$-based organic-inorganic hybrid[J]. Chemistry of Materials,2011,24(1):133-139.

[44] DI SANTE D,STROPPA A,JAIN P,et al. Tuning the ferroelectric polarization in a multiferroic metal-organic framework[J]. Journal of the American Chemical Society,2013,135(48):18126-18130.

[45] JAIN P, RAMACHANDRAN V, CLARK R J, et al. Multiferroic behavior associated with an order-disorder hydrogen bonding transition in Metal- Organic Frameworks (MOFs) with the perovskite ABX$_3$ architecture[J]. Journal of the American Chemical Society,2009,131(38):13625-13627.

[46] BENEDEK N A, MULDER A T, FENNIE C J. Polar octahedral rotations:A path to new multifunctional materials[J]. Journal of Solid State Chemistry,2012,195:11-20.

[47] BENEDEK N A,FENNIE C J. Hybrid improper ferroelectricity: A mechanism for controllable polarization-magnetization coupling [J]. Physical Review Letters,2011,106(10):107204.

[48] OH Y S,LUO X,HUANG F T,et al. Experimental demonstration of hybrid improper ferroelectricity and the presence of abundant charged

walls in $(Ca, Sr)_3 Ti_2 O_7$ crystals[J]. Nature Materials, 2015, 14(4): 407-413.

[49] PITCHER M J, MANDAL P, DYER M S, et al. Tilt engineering of spontaneous polarization and magnetization above 300 K in a bulk layered perovskite[J]. Science, 2015, 347(6220): 420-424.

[50] EFREMOV D V, JEROEN V D B, KHOMSKII D I. Bond-versus site-centred ordering and possible ferroelectricity in manganites[J]. Nature Materials, 2004, 3(12): 853-856.

[51] GIOVANNETTI G, KUMAR S, JEROEN V D B, et al. Magnetically induced electronic ferroelectricity in half-doped manganites [J]. Physical Review Letters, 2009, 103(3): 037601.

[52] IKEDA N, OHSUMI H, OHWADA K, et al. Ferroelectricity from iron valence ordering in the charge-frustrated system $LuFe_2 O_4$[J]. Nature, 2005, 436(7054): 1136-1138.

[53] DE GROOT J, MUELLER T, ROSENBERG R A, et al. Charge order in $LuFe_2 O_4$: An unlikely route to ferroelectricity[J]. Physical Review Letters, 2012, 108(18): 187601.

[54] LAFUERZA S, SUBÍAS G, GARCÍA J, et al. Determination of the sequence and magnitude of charge order in $LuFe_2 O_4$ by resonant X-ray scattering[J]. Physical Review B, 2014, 90(8): 085130.

[55] JEROEN V D B, KHOMSKII D I. Multiferroicity due to charge ordering [J]. Journal of Physics-condensed Matter, 2008, 20(43): 434217.

[56] GOTO T, KIMURA T, LAWES G, et al. Ferroelectricity and giant magnetocapacitance in perovskite rare-earth manganites[J]. Physical Review Letters, 2004, 92(25): 257201.

[57] KENZELMANN M, HARRIS A B, JONAS S, et al. Magnetic inversion symmetry breaking and ferroelectricity in $TbMnO_3$ [J]. Physical Review Letters, 2005, 95(8): 087206.

[58] MOSTOVOY M. Ferroelectricity in spiral magnets [J]. Physical Review Letters,2006,96(6):067601.

[59] DZYALOSHINSKII I. Theory of helical structures in antiferromagnets I:Nonmetals[J]. Soviet Physics JETP,1964,19:960-971.

[60] MORIYA T. Anisotropic superexchange interaction and weak ferromagnetism[J]. Physical Review,1960,120(1):91-98.

[61] SERGIENKO I A,DAGOTTO E. Role of the Dzyaloshinskii-Moriya interaction in multiferroic perovskites[J]. Physical Review B,2006,73 (9):094434.

[62] WALKER H C,FABRIZI F,PAOLASINI L,et al. Femtoscale magnetically induced lattice distortions in multiferroic $TbMnO_3$ [J]. Science,2011,333(6047):1273-1276.

[63] YAMASAKI Y,SAGAYAMA H,GOTO T,et al. Electric control of spin helicity in a magnetic ferroelectric[J]. Physical Review Letters, 2007,98(14):147204.

[64] KATSURA H,NAGAOSA N,BALATSKY A V. Spin current and magnetoelectric effect in noncollinear magnets[J]. Physical Review Letters,2005,95(5):057205.

[65] MOCHIZUKI M,FURUKAWA N,NAGAOSA N. Theory of spin-phonon coupling in multiferroic manganese perovskites $RMnO_3$ [J]. Physical Review B,2011,84(14):144409.

[66] ARIMA T,TOKUNAGA A,GOTO T,et al. Collinear to spiral spin transformation without changing the modulation wavelength upon ferroelectric transition in $Tb_{1-x}Dy_xMnO_3$ [J]. Physical Review Letters, 2006,96(9):097202.

[67] MOCHIZUKI M,FURUKAWA N. Microscopic model and phase diagrams of the multiferroic perovskite manganites [J]. Physical Review B,2009,80(13):134416.

[68] KIMURA T,SEKIO Y,NAKAMURA H,et al. Cupric oxide as an

induced-multiferroic with high-T_C [J]. Nature Materials, 2008, 7(4):
291-294.

[69] KITAGAWA Y, HIRAOKA Y, HONDA T, et al. Low-field
magnetoelectric effect at room temperature [J]. Nature Materials,
2010, 9(10):797-802.

[70] JIA C, ONODA S, NAGAOSA N, et al. Bond electronic polarization
induced by spin[J]. Physical Review B, 2006, 74(22):224444.

[71] JIA C, ONODA S, NAGAOSA N, et al. Microscopic theory of spin-
polarization coupling in multiferroic transition metal oxides [J].
Physical Review B, 2007, 76(14):144424.

[72] ZHELUDEV A, SATO T, MASUDA T, et al. Spin waves and the
origin of commensurate magnetism in $Ba_2CoGe_2O_7$ [J]. Physical
Review B, 2003, 68(2):024428.

[73] SATO T, MASUDA T, UCHINOKURA K. Magnetic property of
$Ba_2CoGe_2O_7$[J]. Physica B:Condensed Matter, 2003, 329:880-881.

[74] YI H T, CHOI Y J, LEE S, et al. Multiferroicity in the square-lattice
antiferromagnet of $Ba_2CoGe_2O_7$[J]. Applied Physics Letters, 2008, 92
(21):212904.

[75] MURAKAWA H, ONOSE Y, MIYAHARA S, et al. Ferroelectricity
induced by spin-dependent metal-ligand hybridization in $Ba_2CoGe_2O_7$
[J]. Physical Review Letters, 2010, 105(13):137202.

[76] YAMAUCHI K, BARONE P, PICOZZI S. Theoretical investigation of
magnetoelectric effects in $Ba_2CoGe_2O_7$[J]. Physical Review B, 2011, 84
(16):165137.

[77] PEREZ-MATO J M, RIBEIRO J L. On the symmetry and the signature of
atomic mechanisms in multiferroics:the example of $Ba_2CoGe_2O_7$ [J]. Acta
Crystallographica Section A:Foundations of Crystallography, 2011, 67(3):
264-268.

[78] TOLEDANO P, KHALYAVIN D D, CHAPON L C. Spontaneous

toroidal moment and field-induced magnetotoroidic effects in $Ba_2CoGe_2O_7$[J]. Physical Review B,2011,84(9):094421.

[79] MITAMURA H, MITSUDA S, KANETSUKI S, et al. Dielectric polarization measurements on the antiferromagnetic triangular lattice system $CuFeO_2$ in pulsed high magnetic fields[J]. Journal of the Physical Society of Japan,2007,76(9):094709.

[80] MEKATA M, YAGUCHI N, TAKAGI T, et al. Magnetic ordering in delafossite $CuFeO_2$[J]. Journal of Magnetism and Magnetic Materials, 1992,104:823-824.

[81] KIMURA T, LASHLEY J C, RAMIREZ A P. Inversion-symmetry breaking in the noncollinear magnetic phase of the triangular-lattice antiferromagnet $CuFeO_2$[J]. Physical Review B,2006,73(22):220401.

[82] NAKAJIMA T, MITSUDA S, KANETSUKI S, et al. Spin noncollinearlity in multiferroic phase of triangular lattice antiferromagnet $CuFe_{1-x}A_xO_2$ [J]. Journal of the Physical Society of Japan,2007,76(4):043709.

[83] SEKI S, YAMASAKI Y, SHIOMI Y, et al. Impurity-doping-induced ferroelectricity in the frustrated antiferromagnet $CuFeO_2$ [J]. Physical Review B,2007,75(10):100403.

[84] TERADA N. Spin and orbital orderings behind multiferroicity in delafossite and related compounds[J]. Journal of Physics: Condensed Matter,2014,26(45):453202.

[85] ARIMA T. Ferroelectricity induced by proper-screw type magnetic order[J]. Journal of the Physical Society of Japan, 2007, 76 (7): 198-205.

[86] KAPLAN T A, MAHANTI S D. Canted-spin-caused electric dipoles: A local symmetry theory[J]. Physical Review B,2011,83(17):174432.

[87] TANAKA Y, TERADA N, NAKAJIMA T, et al. Incommensurate orbital modulation behind ferroelectricity in $CuFeO_2$ [J]. Physical

Review Letters,2012,109(12):127205.

[88] PERKS N J,JOHNSON R D,MARTIN C,et al. Magneto-orbital helices as a route to coupling magnetism and ferroelectricity in multiferroic $CaMn_7O_{12}$[J]. Nature Communications,2012,3:1277.

[89] ZHANG G,DONG S,YAN Z,et al. Multiferroic properties of $CaMn_7O_{12}$[J]. Physical Review B,2011,84(17):174413.

[90] JOHNSON R D,CHAPON L C,KHALYAVIN D D,et al. Giant improper ferroelectricity in the ferroaxial magnet $CaMn_7 O_{12}$ [J]. Physical Review Letters,2012,108(6):067201.

[91] GOODENOUGH J B. Magnetism and the Chemical Bond[M]. New York:Wiley Interscience,1964.

[92] SIMONET V,LOIRE M,BALLOU R. Magnetic chirality as probed by neutron scattering[J]. The European Physical Journal Special Topics, 2012,213(1):5-36.

[93] CAO K,JOHNSON R D,PERKS N,et al. First-principles study of structurally modulated multiferroic $CaMn_7O_{12}$[J]. Physical Review B, 2015,91(6):064422.

[94] CHAPON L C,RADAELLI P G,BLAKE G R,et al. Ferroelectricity induced by acentric spin-density waves in YMn_2O_5 [J]. Physical Review Letters,2006,96(9):097601.

[95] CHOI Y J,YI H T,LEE S,et al. Ferroelectricity in an Ising chain magnet[J]. Physical Review Letters,2008,100(4):047601.

[96] ZUBKOV V G,BAZUEV G V,TYUTYUNNIK A P,et al. Synthesis, crystal structure,and magnetic properties of quasi-one-dimensional oxides Ca_3CuMnO_6 and $Ca_3 Co_{1+x}Mn_{1-x}O_6$ [J]. Journal of Solid State Chemistry,2001,160(2):293-301.

[97] WU H,BURNUS T,HU Z,et al. Ising magnetism and ferroelectricity in Ca_3CoMnO_6[J]. Physical Review Letters,2009,102(2):026404.

[98] KIM J H,LEE S H,PARK S I,et al. Spiral spin structures and origin

of the magnetoelectric coupling in YMn_2O_5 [J]. Physical Review B, 2008,78(24):245115.

[99] WAKIMOTO S,KIMURA H,SAKAMOTO Y,et al. Role of magnetic chirality in polarization flip upon a commensurate-incommensurate magnetic phase transition in YMn_2O_5 [J]. Physical Review B,2013,88 (14):140403.

[100] FIEBIG M,LOTTERMOSER T,MEIER D,et al. The evolution of multiferroics[J]. Nature Reviews Materials,2016,1(8):16046.

[101] 冯端,金国钧. 凝聚态物理学（上卷）[M]. 北京:高等教育出版社,2003.

[102] GETZLAFF M. Fundamentals of magnetism[M]. [S. l.]:Springer Science & Business Media,2007.

[103] 李晓光,南策文. 多铁材料[J]. 科学观察,2018,13(2):45-47.

2 第一性原理计算及其在多铁性材料研究中的应用

2.1 第一性原理计算概述

电子具有电荷、自旋和轨道三个自由度。通常,电荷和自旋都是单独考虑的。在传统电子学里面,通过电场操纵电荷,忽视了自旋。经典的磁记录技术通过铁磁体的宏观磁化来控制自旋。直到1988年,Baibich[1]和Binasch[2]等人先后发现了巨磁阻(GMR)效应。他们发现可以通过利用磁化方向对电子自旋的影响来控制电子、电荷(电流)的移动。随着GMR现象的发现,人们又发现了其他相关物理现象,如庞磁阻(CMR)效应和隧穿磁电阻(TMR)效应。这些发现促进了计算机硬盘数据读取技术以及信息存取技术的巨大进步和自旋电子学这一新兴领域的飞速发展[3]。2007年,法国物理学家Albert Fert和德国物理学家Peter Grünberg因为发现GMR效应获得了诺贝尔物理学奖。

GMR效应这一发现的科学意义在于第一次揭示了电子的另一个自由度——电子自旋的作用。我们不仅可以独立地利用电子的电荷和自旋,还可以利用电子的自旋来调制电荷或者电流。一般认为材料的物理性质是其微观电子结构的宏观表现,而电子结构主要由化学组分和晶体结构决定。在具有各向异性的3d电子轨道的过渡金属氧化物中,电荷、自旋、轨道和晶格等自由度相互竞争与合作,使得体系呈现出许多新奇物理性质与现象,具有很大的理论研究价值。

随着计算机技术的发展和相关理论研究方法的进步,基于密度泛函理论的第一性原理方法已经成为实验研究的有力补充。理论计算研究不仅能分析与解释实验现象,而且可以不依赖于实验,预测材料的未知性质。理论计算研究已经发展成了一门独立而活跃的新兴科学——计算材料科学[4],它是建立材料结构与性能之间内在联系的有效方法,在学术研究中得到了广泛应用,并取得了丰硕成果。

量子力学是反映微观粒子运动规律的理论,它是 20 世纪 20 年代在经典量子理论的基础上总结大量实验结果而建立起来的。随着量子力学的出现,人们对于微观结构的认识日益深入。以量子力学为基础,结合高速发展的计算机技术建立起来的计算物理、量子化学、计算材料科学等分支学科,促进了物理学、化学和材料科学的发展,使人们对物质微观结构与宏观特性的相互关系有了深刻的认识。凝聚态物理、量子化学、粒子物理、计算数学等相关学科的基础理论飞速发展,以及大规模和超大规模计算机技术的空前应用,使得基于密度泛函理论(Density Functional Theory,DFT)的第一性原理方法(First-principle methods)成为凝聚态物理、量子化学和材料科学中的常规研究手段。

2.1.1　基本概念

凝聚态物质的力学、热学、电学、磁学和光学等宏观性质,如振动谱、电导率、热导率、磁有序、光学介电函数、超导、巨磁阻等都与其内部微观电子结构密切相关[5]。因此,定量、精确地计算材料的电子结构在解释实验现象、预测材料性能、指导材料设计等方面都具有非常重要的意义和作用,也是一个富有挑战性的课题。

通过第一性原理计算固体的电子结构,是研究固体中宏观特性的微观本质的重要方法。第一性原理计算方法也叫从头算(ab initio)计算方法。这种方法仅需采用 5 个基本物理常数,即电子的静止质量 m_0、电子电量 e、普朗克(Plank)常数 h、光速 c 和玻尔兹曼(Boltzmann)常数 k_B,而不需要其他任何经验或拟合的可调参数。在计算过程中,只需知道构成体系的各个元素与所需要模拟的环境(如几何结构),就可以应用量子力学原理(Schrödinger 方程)计算出体系的总能量、电子结构等物理性质[6]。一方面,第一性原理计算是真实实验的补充,通过计算可以使被模拟体系的特征和性质更加接近真实的情况。另一方面,与真实的实验相比,第一性原理计算也能让我们更快地设计出符合要求的实验。

2.1.2 基本思路

量子力学是 20 世纪物理学的三大革命性突破之一,是整个现代物理学的基石,也是量子化学或者说计算化学的基础[7]。1925 年海森堡(W. K. Heisenberg)首先创立了量子力学的矩阵形式。1926 年,薛定谔(E. Schrödinger)发表了著名的波动方程,并证明了其与量子力学矩阵表述的等价性,它的核心是粒子的波函数及其运动方程——Schrödinger 方程。根据量子力学的理论,从原则上说,任何多粒子系统的性质都可以通过求解系统的 Schrödinger 方程或者由其发展出的其他形式的方程得知。对于一个给定的系统,我们可能得到的所有信息都包含在系统的波函数当中。第一性原理计算方法的基本思路就是将多个原子构成的体系理解为由电子和原子核组成的多粒子系统,然后求解这个多粒子系统的 Schrödinger 方程组,获得描述体系状态的波函数 Φ 以及对应的本征能量。有了这两项结果,从理论上讲就可以推导出系统的所有性质[6]。

2.1.3 基本近似

原则上,任何材料的结构和性质都能依照上述基本思路,通过第一性原理计算得到。但实际上,除个别极简单的情况(如氢分子)外,材料中电子和核的数目通常达到 $10^{24}/cm^3$ 的数量级,再加上如此多的粒子之间难以描述的相互作用,使得需要求解的薛定谔(Schrödinger)方程不但数目众多,而且形式复杂,即使利用最先进的计算机也无法求解。这正如量子力学的奠基者之一——狄拉克(Dirac)在 1929 年所说:"量子力学的普遍理论业已完成……作为大部分物理学和全部化学之基础的物理定律业已完全知晓,而困难仅在于将这些定律确切应用时将导致方程式过于复杂而难于求解。"[8]因此 Kohn 认为,当系统的电子数目大于 10^3 时,要严格求解出多电子体系的 Schrödinger 方程是不可能的,人们必须针对材料的特点借助一系列的近似理论和基本原理在物理模型上进行合理的简化和近似[8]。

为了有效求解多粒子系统的 Schrödinger 方程,在第一性原理计算中隐含三个基本近似,即非相对论近似、绝热近似与单电子近似。

(1)非相对论近似

在构成物质的原子(或分子)中,电子在原子核附近运动却又不被带异号电荷的原子核俘获,所以必须保持很高的运动速度。根据相对论,此时电子的质量 m 不是一个常数,而由电子运动速度 v、光速 c 和电子静止质量 m_0 决定:

$$m = \frac{m_0}{\sqrt{1-\dfrac{v^2}{c^2}}} \qquad (2\text{-}1)$$

但第一性原理将电子的质量视为其静止质量 m_0,这只有在非相对论条件下成立,所以我们称之为非相对论近似。

　　另外,在确定固体材料处在平衡态的电子结构时,可以认为组成固体的所有粒子(即原子核和电子)都在一个不随时间变化的恒定势场中运动,因此哈密顿(Hamilton)算符 H 与时间无关,粒子的波函数 Φ 也不含时间变量,使得粒子在空间的分布概率也不随时间变化。此情况类似于经典机械波中的"驻波"(standing wave)。此时,H 与 Φ 服从不含时间的 Schrödinger 方程,即定态(stationary state)Schrödinger 方程,其表达形式为:

$$H\Phi(r,R)=E^H\Phi(r,R) \tag{2-2}$$

其中,r 表示所有电子坐标的集合 $\{r_i\}$,R 表示所有原子核坐标的集合 $\{R_i\}$。

　　(2) Born-Oppenheimer 绝热近似

　　固体由大量的原子组成,每个原子又有原子核和电子,电子和原子核都在做无规则的热运动。由于固体中原子核的质量比电子大 $10^3 \sim 10^5$ 倍,因此电子运动的速度远远高于核的运动速度:电子做高速绕核运动,而原子核只是在自己的平衡位置附近做热振动。原子核只能缓慢地跟上电子分布的变化,而当核间发生任一微小运动时,迅速运动的电子都能立即进行调整,建立起与新的原子核库仑场相应的运动状态。也就是说,在任一确定的原子核排布下,电子都有相应的运动状态,同时,核间的相对运动可视为电子运动的平均结果。因此核运动和电子运动可以分开考虑:当考虑电子运动时可以认为核是处在它们的瞬时位置上,而考虑核的运动时则不考虑电子在空间的具体分布。将多原子体系的核运动与电子运动方程分开处理,这便是 M. Born 和 J. R. Oppenheimer 提出的绝热近似思想[9]。

　　采用绝热近似,将电子的运动和原子核的运动分开,通过分离变量就可以得到多电子分系统满足的定态 Schrödinger 方程(采用原子单位,即 $e^2 = \hbar = 2m_0 = 4\pi\varepsilon_0 = 1$,下同),其哈密顿量可以写为:

$$H = \left[- \sum_i \nabla_{r_i}^2 + \sum_i V(r_i) + \frac{1}{2} \sum_{i \neq i'}{}' \frac{1}{\mid r_i - r_{i'} \mid} \right]$$
$$= \left[\sum_i H_i + \sum_{i \neq i'} H_{ii'} \right] \tag{2-3}$$

其中第一项是电子的动能,第二项是电子在原子核库仑势场中所具有的势能,第三项是电子和电子的库仑相互作用能。

（3）Hartree-Fock 单电子近似

电子的波函数是一个多变量的函数,每个电子的坐标 r_i 在三维空间都需要用 3 个实变量来描述,这样整个波函数就是 $3N$ 个变量的函数。这么多变量的函数在目前的数学水平上是很难求解的,所以到现在为止我们只有类氢原子的严格解,而类氢原子中只有一个电子,也就是说仅仅是个单体问题,而对于数量多于两个电子的多体问题,就需要用一定的方法来近似求解。也就是说在采用 Born-Oppenheimer 绝热近似后,严格求解多电子 Schrödinger 方程还是不可能的,还必须进行进一步的简化和近似。

哈特利和福克（Hartree-Fock）两人在 1930 年提出了 Hartree-Fock 方法。他们的主要思想是:对由 N 个电子构成的系统,可以将电子之间的相互作用平均化,每个电子都可以被看作在由原子核的库仑势场与其他 $N-1$ 个电子在该电子所在位置处产生的势场相叠加而成的有效势场中运动,这个有效势场可以由系统中所有电子的贡献自洽地确定。于是,每个电子的运动特性就只取决于其他电子的平均密度分布（即电子云）,而与这些电子的瞬时位置无关,所以其状态可用一个单电子波函数 $\varphi_i(r_i)$ 表示;由于各单电子波函数的自变量是彼此独立的,所以多电子系统的总波函数 Φ 可写成这 N 个单电子波函数的乘积:

$$\Phi(r) = \varphi_1(r_1) \varphi_2(r_2) \cdots \varphi_N(r_N) \tag{2-4}$$

这个近似隐含着一个物理模型,即“独立电子模型”,相当于假定所有电子都相互独立地运动,所以称为“单电子近似”。

假设第 i 个电子处于某个单电子态 $\varphi_j(q_i)$,其中 q_i 包含电子的

空间坐标和自旋自由度。考虑到电子是费米子,服从费米-狄拉克
(Fermi-Dirac) 统计,因此需要考虑泡利(Pauli)不相容原理所要求
的波函数的交换反对称性要求,系统的近似波函数由 Slater 行列式
给出[10]:

$$\Phi(\{r\}) = \frac{1}{\sqrt{N!}} \begin{vmatrix} \varphi_1(q_1) & \varphi_2(q_1) & \cdots & \varphi_N(q_1) \\ \varphi_1(q_2) & \varphi_2(q_2) & \cdots & \varphi_N(q_2) \\ \vdots & \vdots & & \vdots \\ \varphi_1(q_N) & \varphi_2(q_N) & \cdots & \varphi_N(q_N) \end{vmatrix} \quad (2\text{-}5)$$

式中$\{\varphi_i(q)\}$是一些待定的单电子波函数,满足正交归一化条件,即

$$\langle \varphi_i \mid \varphi_j \rangle = \sum_{S_n} \varphi_i^*(n) \cdot \varphi_j(n) \mathrm{d}r_n = \delta_{ij} \quad (2\text{-}6)$$

可以证明,式(2-5)是表示多电子系统量子态的唯一行列式,被
称为 Hartree-Fock 近似(亦即单电子近似)。就是说,对于费米子
系统,例如由电子组成的体系,将波函数的反对称性纳入单电子波
函数的表示之中,就得到了 Hartree-Fock 近似[11]。

将式(2-3)、式(2-5)、式(2-6)代入式(2-2)中,利用拉格朗日乘
子法求总能量对试探单电子波函数的泛函变分,就得到了著名的
Hartree-Fock 方程[12]:

$$[-\nabla^2 + V(r)]\varphi_i(r) + \sum_{i'(\neq i)} \int \mathrm{d}r' \frac{\mid \varphi_{i'}(r') \mid^2}{\mid r-r' \mid} \varphi_i(r) -$$

$$\sum_{i'(\neq i), s_\parallel} \int \mathrm{d}r' \frac{\varphi_j^*(r')\varphi_i(r')}{\mid r-r' \mid} \varphi_{i'}(r) = \varepsilon_i \varphi_i(r) \quad (2\text{-}7)$$

上式第一行第二项代表所有电子产生的平均库仑相互作用势,
它与波函数的对称性无关,称为 Hartree 项,与所考虑的电子状态
无关,比较容易处理;上式第二行第一项代表与波函数反对称性有
关的所谓交换作用势,称为 Fock 项,它与所考虑的电子状态 $\varphi_i(r')$
有关,所以只能通过迭代自洽方法求解,而且在此项中还涉及其他
电子态 $\varphi_j(r)$,使得求解 $\varphi_i(r)'$ 时仍需处理 N 个电子的联立方程

组,计算量非常大。

引入有效势的概念,可将 Hartree-Fock 方程改写为:

$$[-\nabla^2 + V_{\text{eff}}(r)]\varphi_i(r) = \varepsilon_i \varphi_i(r) \tag{2-8}$$

Slater 指出,可将 $V_{\text{eff}}(r)$ 替换为平均有效势 $\overline{V}_{\text{eff}}(r)$,这样 Hartree-Fock 方程被进一步简化为单电子 Schrödinger 方程:

$$[-\nabla^2 + \overline{V}_{\text{eff}}(r)]\varphi(r) = \varepsilon\varphi(r) \tag{2-9}$$

需要说明的是,Hartree-Fock 方程中的 ε_i 只是拉格朗日 (Lagrange)乘子,并不直接具有单电子能量本征值的意义,即所有 ε_i 之和并不等于体系的总能量。不过 Koopman 定理表明:在多电子系统中移走第 i 个电子的同时其他电子的状态保持不变的前提下,ε_i 等于电子从一个状态转移到另外一个状态时所需的能量,因此也等于材料中与给定电子态对应的电离能。这也是能带理论中单电子能级概念的来源[13]。

Hartree-Fock 方法在量子化学计算中应用很广泛。比如在量子化学中,多数是把单电子波函数用一些原子轨道波函数的叠加表示,即通常所说的分子轨道法(Molecular Orbital,MO)。在分子轨道近似方法中如果引入电子关联作用,则可以产生多个 Slater 行列式的线性组合描述多电子体系的波函数,这种方法被称为组态相互作用(Configuration Interaction,CI)方法。对于处理原子数少的系统来说,Hartree-Fock 近似是一种很方便的近似方法。它对原子和分子体系能给出相当好的结果,但是对于固体体系的精确性就要差一些。这是由于在 Hartree-Fock 方法中忽略了电子-电子间的关联相互作用。实际应用时往往要做一定的修正,所以它不能认为是通过相互作用的多粒子系统证明单电子近似的严格理论依据,密度泛函理论(DFT)才是单电子近似的近代理论基础[14]。在这层意义上,也可以将第一性原理计算方法定义为基于 Hartree-Fock 近似或 DFT 的计算方法。

2.2 密度泛函理论基础

通过绝热近似和 Hartree-Fock 自洽场近似,可以将多粒子问题简化为单电子问题。在 Hartree-Fock 近似下,波函数 $\varphi_i(r_i)$ 被看作满足 Schrödinger 方程的一个基本变量,从 $\varphi_i(r_i)$ 可以得出分子和固体中的电子密度 $n(r)$ 的分布以及系统的其他信息。然而波函数是非常复杂的量,并且不能通过实验探知。此外,在求解多电子体系的 Schrödinger 方程的过程中遇到的最大困难就是求解电子间的叠积分,即考察单个电子与其他电子间的相互作用,现在的计算机难以承受其计算量。

1927 年由 Thomas 和 Fermi 提出用均匀电子气模型来描述单个原子的多电子结构[15,16]。在均匀电子气模型中,电子不受外力,彼此之间也无相互作用。这时,电子运动的 Schrödinger 方程就成为最简单的波动方程:

$$-\frac{\hbar^2}{2m}\nabla^2\Psi(r) = E\Psi(r) \tag{2-10}$$

经过简单的推导,他们发现电子系统的总能量能被表示为仅由 $n(r)$ 这个函数确定的一个函数,称为电子密度的泛函(Density Functional),密度泛函理论(Density Functional Theory,DFT)由此得名。但是,Thomas-Fermi 模型是一个比较粗糙的模型,它通过均匀电子气的密度得到动能的表达式,又忽略了电子间的交换关联作用。Thomas-Fermi 模型无法进行有效的修正,所以很少直接应用,密度泛函思想也由此陷入停滞。直到 1964 年,Hohenberg 和 Kohn 在巴黎研究 Thomas-Fermi 模型的理论基础时受到启发,在此模型的基础上打破了其能量泛函形式的束缚,提出了两个基本定理之后,DFT 才奠定了基石[17];次年,Kohn 与他的博士后沈吕九提出的 Kohn-Sham 方程则使 DFT 成为实际可行的理论方法[18]。

DFT 不像 Hartree-Fock 方法那样去考虑每一个电子的运动状态（即波函数），而是将电子密度 $n(r)$ 的分布作为基本变量，只需要知道空间任一点的电子密度 $n(r)$，其他物理量如总能量 E 等（或者说分子、原子和固体的基态性质）都用 $n(r)$ 表述。这不但提供了多粒子系统可作单电子近似的严格理论依据，还大大简化了计算，从而可以对大分子系统进行严格的第一性原理求解。DFT 如今已成为计算物理、量子化学和材料模拟的最常用的主要方法之一，这一理论在揭示和描述复杂体系性质上取得了非凡成就，W. Kohn 与另一量子化学家 J. A. Pople 分别由于在这一理论的建立和具体应用方面的贡献而分享了 1998 年诺贝尔化学奖[8]。

2.2.1 Hohenberg-Kohn 定理

和 Hartree-Fock 方法一样，密度泛函理论也引入了三个近似：非相对论近似、Born-Oppenheimer 绝热近似、单电子近似。对于 Hartree-Fock 方法中引入误差最大的单电子近似，密度泛函方法里采用了各种方法减小误差。而对于相对论效应，密度泛函方法也采用了赝势基组等方法予以部分修正。在这三个近似的前提下，密度泛函理论的基本原理是严格的，和 Hartree-Fock 方法不同，它至少在原则上可以获得任意高的精度。

Hohenberg 和 Kohn 在非均匀电子气理论基础上提出并证明的两个定理构成了 DFT 的理论基础。这两个定理有多种表述形式，下面采用较为简单和常用的形式。

（1）定理 1（H-K-1）：处在外势 $V(r)$ 中不计自旋的相互作用的束缚电子系统，其 $V(r)$ 由基态电子密度 $n(r)$ 唯一决定（可以附加一个无关紧要的常数）。

所谓外势，是指除了电子相互作用以外的势，例如一般体系中原子核的库仑势等。这样，系统的哈密顿量 H 就可以被分解为电

子动能项 T、电子相互作用势 U 及外势 V 三项，即：

$$H = T + U + V \qquad (2\text{-}11)$$

不同体系的 H 中，T 和 U 的表达式是一样的，只有外势 V 是不同的。从理论上讲，给定多电子体系的外势场 V（以及电子数目 N），就决定了体系的 Hamilton 量，有了 Hamilton 量就知道体系的一切物理性质，包括体系的总能量（基态及激发态）。所以在外势场和总能量之间存在一个映射关系，因为外势场是三维函数，而总能量是一个数值，这样的关系在数学上被称为泛函。而外势场是与体系的基态电子密度 $n(r)$ 一一对应的，所以基态总能量也是基态电子密度 $n(r)$ 的泛函。

尽管普遍认为基态密度不仅决定了波函数，还唯一地决定了外势 $V(r)$，但最近的研究表明，对包含自旋密度或者流密度的 DFT 并不成立。这时，尽管基态密度仍然决定了波函数，但是并不唯一地决定外势，这就是通常所说的非唯一性问题[19]。

（2）定理 2（H-K-2）：对于给定的外势，在总粒子数保持不变的情况下，系统的基态能量 E_G 等于能量泛函 $E_V[\tilde{n}(r)]$ 的最小值，可以通过对试探电子密度 $\tilde{n}(r)$ 的变分求极小值而得到。

这个定理也被称为 Hohenberg-Kohn 变分原理，它能够从 Rayleigh-Ritz 变分原理

$$E = \min_{\tilde{\Psi}} \langle \tilde{\Psi} \mid H \mid \tilde{\Psi} \rangle \qquad (2\text{-}12)$$

推出[5]。这里我们遵循一些基于 Levy 所做的有约束试探所得到的一些简单推论[11]。每一个试探波函数 $\tilde{\Psi}$ 对应一个试探电子密度 $\tilde{n}(r)$，可以通过对除去第一个变量的所有变量求积分，再乘以 N 而得到。方程（2-12）的最小值可以通过下述步骤求得：

① 首先选定一个试探电子密度 $\tilde{n}(r)$，用试探波函数 $\tilde{\Psi}_{\tilde{n}(r)}^{\alpha}$ 表示。在选定 $\tilde{n}(r)$ 下，受约束的能量的极值被定义为

$$E_v[\tilde{n}(r)] = \min_{\alpha} \langle \tilde{\Psi}_{\tilde{n}}^{\alpha} \mid H \mid \tilde{\Psi}_{\tilde{n}}^{\alpha} \rangle = \int v(r)\tilde{n}(r) + F[\tilde{n}(r)]$$

$$(2\text{-}13)$$

其中

$$F[\tilde{n}(r)] = \min_\alpha[\tilde{\Psi}_{\tilde{n}(r)}^\alpha, (T+U)\,\tilde{\Psi}_{\tilde{n}(r)}^\alpha] \qquad (2\text{-}14)$$

$F[\tilde{n}(r)]$ 是密度 $\tilde{n}(r)$ 的普适函数,无须明确知道 $v(r)$。

②　其次,将方程对所有 n 求极小

$$E = \min_{\tilde{n}(r)} E_v[\tilde{n}(r)] = \min_{\tilde{n}(r)}\left\{\int v(r)\tilde{n}(r)\mathrm{d}r + F[\tilde{n}(r)]\right\}$$

$$(2\text{-}15)$$

对非简并的基态,最小值对应基态密度 $\tilde{n}(r)$;对简并的基态,则对应其基态密度之一。

　　Kohn 指出,Hohenberg-Kohn 最小值原理可以看作 Thomas-Fermi 理论形式上的确切化[18]。这样,反复地对 $3N$ 维试探波函数 $\tilde{\Psi}$ 求 $\langle\tilde{\Psi}|H|\tilde{\Psi}\rangle$ 的极小值问题就转化为简单得多的对三维试探密度 $\tilde{n}(r)$ 求 $E_v[\tilde{n}(r)]$ 的极小值问题。

　　尽管 DFT 的推导过程及其大部分的应用都是针对基态进行的,但常常将它看作一个关于基态的理论的观点实际上却是一个彻底的误解。因为由基态的电荷密度可以得到确定的唯一的外势并进而得到系统的哈密顿量,这就既可以用它来求解系统基态,也可以求解系统激发态的波函数。导致这一误解的直接原因是下面将要讲到的 Kohn-Sham 方程确实只能用于基态计算。但近年来在 DFT 框架内已经发展出了多种用于计算激发态的方法,如最终由 Runge、Gross 和 Kohn 于 1984 年建立起来的含时密度泛函方法[20,21]。

2.2.2　Kohn-Sham 方程

　　Hohenberg-Kohn 定理说明,对电子结构的计算,完全可以抛开多体波函数,只要用一个三维的函数,知道密度泛函的形式,就可以利用变分原理,得到体系的基态电子密度,从而得到体系其他的性质。只是到目前为止,并不知道这个密度泛函的精确形式,从而很难仅仅用一个三维电子密度去直接得到体系的性质,剩下的问题就是能量泛函的具体表达形式了。为了从理论上解决 Hohenberg-Kohn 定理产生的如何确定粒子数密度 $n(r)$ 与动能泛函 $T[n]$ 这两个问题,Kohn 和 Sham(沈吕九)在 1965 年提出了 Kohn-Sham 方程。通过提取 T 和 U 中的主要部分,把其余次要部分合并为一个交换相关项,在理论上解决了这一问题。他们引入了一个与真实体系具有相同基态电子密度 $n(r)$ 的但是粒子之间无相互作用的参考体系。于是 $n(r)$ 可以严格地被分解成 N 个独立轨道(波函数)的贡献之和:

$$n(r) = \sum_{i=1}^{N} \varphi_i^*(r) \varphi_i(r) \tag{2-16}$$

其中 $\{\varphi_i(r)\}$ 构成正交归一的完备函数组。因此动能密度泛函:

$$T(n) = \sum_{i=1}^{N} \int \mathrm{d}r \varphi_i^*(r) [-\nabla^2] \varphi_i(r) \tag{2-17}$$

这样,对 $n(r)$ 的变分可用对 $\varphi_i(r)$ 的变分代替,拉格朗日乘子则用 ε_i 表示。将式(2-14)、式(2-16)与式(2-17)一起代入式(2-13)中变分求解,可得到相当于在有效势 V_{eff} 中运动的单电子方程,即 Kohn-Sham(KS)方程:

$$\{-\nabla^2 + V_{\text{eff}}[n(r)]\} \varphi_i(r) = \varepsilon_i \varphi_i(r) \tag{2-18}$$

$$V_{\text{eff}}[n(r)] = V(r) + \int \mathrm{d}r' \frac{n(r')}{|r-r'|} + \frac{\delta E_{\text{xc}}[n]}{\delta n(r)} \tag{2-19}$$

其中有效势 V_{eff} 的三个分项依次为外势 $V(r)$(如晶格周期势)、来自 Hartree 近似的平均直接库仑作用势 $V_{\text{c}}(r)$ 及交换关联势 $V_{\text{xc}}[n]$。KS 方程是一个重要的理论结果,表明相互作用多粒子系统的基态问题可以在形式上严格地转化为在有效势场中运动的独立粒子的基态问题,从而给出了单电子近似的严格理论依据。

在 KS 方程中,有效势 V_{eff} 由电子密度决定,而电子密度又由 KS 方程的本征函数求得,所以我们需要自洽求解 KS 方程,求解步骤如图 2-1 所示。

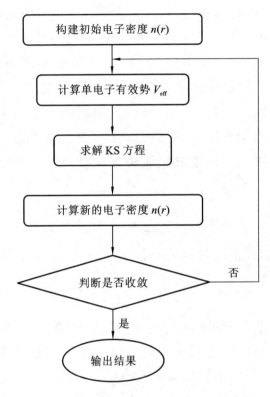

图 2-1　自洽循环求解过程示意图

这种自洽求解过程是一个循环过程,通常被称为自洽场(Self-Consistent Field,SCF)方法。在实际计算中,常将多体系统的原胞划分为足够细的网格点,在每个网格点上初始化一组无相互作用电子系统的波函数[称为试探波函数 $\varphi_i(r)$,通常设为随机数],即可根据式(2-16)得到电子密度 $n(r)$,然后按上述步骤求解出 KS 方程;求解出的本征函数 $\varphi_i(r)$ 一般与初始化的 $\varphi_i(r)$ 不同,于是将新求解出来的 $\varphi_i(r)$ 的一部分叠加到初始值上,重新计算 KS 方程,如此不断地循环迭代,直到 $\varphi_i(r)$ 的变化在设定精度内时,计算得以收敛,利用收敛后的这组单电子波函数 $\varphi_i(r)$ 就能通过求解式(2-16)得到多电子系统的电荷密度分布 $n(r)$，进而求解出电子结构。系统的基态总能量 E_G 可通过 KS 方程(2-18)求得：在方程两边乘以解 $\varphi_i^*(r)$，经对 i 求和与对 r 求积分后可得到系统的总能：

$$E_G = \sum_{i=1}^{N} \varepsilon_i - \frac{1}{2}\int \frac{n(r)n(r')}{|r-r'|}drdr' + E_{xc}[n] - \int n(r)V_{xc}(r)dr$$

$$(2\text{-}20)$$

显然，$E_G \neq \sum_{i=1}^{N} \varepsilon_i$。因此有必要指出：KS 方程只是在形式上与周期势场中的单电子方程相似，但其 ε_i 只是拉格朗日乘子而并不代表多体系统的单电子能量。相应地，ε_i 与 ε_j 之差也不代表电子从状态 i 跃迁到状态 j 的激发能，即 Koopman 定理不再适用[14]。当然，从实用的角度看，KS 本征值和 KS 波函数已经是体系真实单粒子能级和波函数的较好近似[22,23]；对某些合适的交换相关近似(如杂化密度泛函)，基于 KS 本征值的能带结构能隙可以和实验吻合得很好[24]。

2.2.3 交换关联能泛函

正如 Kohn 所指出的，KS 理论可被看作 Hartree 理论形式上的确切化。尽管 KS 方程在形式上严格地将相互作用多粒子系统的基态问题转化成为在有效势场中运动的独立粒子的基态问题，但由于它将来自交换和关联的所有多体效应都包括在一个未知泛函，即交换关联能泛函 $E_{xc}[n]$(或交换关联势 $V_{xc}[n]$)中，所以 DFT 理论的特殊用途完全依赖于对函数 $E_{xc}[n(r)]$ 的近似是否能足够简单地给出，同时保证其准确性。多体系统问题的真正求解与计算结果的精确性最终依赖于如何寻找合理的近似去获得 $E_{xc}[n]$ 的具体形式。在 DFT 理论框架建立的前提下，下一步问题是如何用来解决实际问题。对 $E_{xc}[n(r)]$ 必须采用一些近似才能进行实际运算。

由于 $E_{xc}[n]$ 明确的物理意义就是一个电子在多电子系统中运

动时与其他电子间的静电相互作用所产生的能量,因此通常将其拆成交换项 E_x 和关联项 E_c 两项,以分别处理:

$$E_{xc}[n] = E_x[n] + E_c[n] \qquad (2\text{-}21)$$

E_x 是考虑到电子的 Fermi 子特性,即自旋相同电子间因 Pauli 不相容原理而产生排斥作用引起的能量;E_c 则是不同自旋电子之间的关联作用引起的能量。也可以从另外一个角度来理解关联效应,即 E_c 是多体系统真实基态能量与从 Hartree-Fock 近似的 Slater 行列式出发得到的基态能量的差值。一般来说,交换项和关联项的比重分别为 90% 和 10%,即 E_x 起更重要的作用。另外,$E_{xc}[n]$ 通常比能量泛函中其他已知项小很多,因此可以通过对其做一些简单的近似而得到关于能量泛函的一些有用的结果。此外,对于动能的近似,也被归并到 $E_{xc}[n]$ 中。严格来说,$E_{xc}[n]$ 作为 $n(r)$ 的泛函,依赖于整个空间的电子密度分布,求解起来非常困难,因此目前还没有得到其准确形式。但人们通过各种近似方法,包括局域密度近似(Local Density Approximation,LDA)、广义梯度近似(Generalized Gradient Approximation,GGA)及杂化密度近似(Hybrid Density Approximation,HDA)等,得到了许多实用的 $E_{xc}[n]$ 泛函形式。

(1) LDA 方法

交换相关能量泛函最初的简单近似是 LDA,于 1951 年由 Slater 提出并应用[25]。LDA 假定在一个电子密度变化缓慢的系统空间,某点的交换关联能 $\varepsilon_{xc}[n(r)]$ 只与该点附近(即局域)的电荷密度 $n(r)$ 有关,所以总的交换关联能 $E_{xc}[n]$ 可通过对空间各点 $\varepsilon_{xc}[n(r)]$ 的简单积分得到:

$$E_{xc}[n] \approx \int \varepsilon_{xc}[n(r)]n(r)\,dr \qquad (2\text{-}22)$$

对应的交换关联势 $V_{xc}[n]$ 可简化为:

$$V_{xc}[n] = \frac{\delta E_{xc}[n]}{\delta n(r)} = \varepsilon_{xc}[n(r)] + n(r)\frac{d\varepsilon_{xc}[n(r)]}{n(r)} \qquad (2\text{-}23)$$

注意在上述假定前提下,此时的 $\varepsilon_{xc}[n(r)]$ 只是各点处 $n(r)$ 的函数而非 KS 方程中的泛函,这样,$\varepsilon_{xc}[n(r)]$ 将等于同密度的均匀电子气的交换关联能 $\varepsilon_{xc}^{unif}[n(r)]$,因此可以在已精确计算出的 $\varepsilon_{xc}^{unif}[n(r)]$ 的基础上通过插值拟合的办法得到 $\varepsilon_{xc}[n(r)]$,进而再利用式 (2-23) 得到 $V_{xc}[n]$,然后 KS 方程就可以求解了。

目前存在多种形式的 $\varepsilon_{xc}^{unif}[n(r)]$,具体计算中最常用的是 Ceperley、Alder[26] 在 1980 年及 Perdew、Zunger[27] 于 1981 年用 Monte-Carlo 方法求出的精确均匀解。比较常用的是由 Slater 交换泛函和 VWN 相关泛函组合得到的 SVWN 交换泛函。Slater[28] 在研究 HF 方法的能量改进时,得到了 Slater 交换泛函的形式,它是均匀电子气交换泛函的精确形式。如果在 HF 方法中加入 Slater 交换泛函,则 HF 方法被称为 HFS 方法,进一步改变 Slater 交换泛函的常数系数,就得到所谓的 Xα 方法。VWN 相关泛函[29] 是用 Monte-Carlo 方法数值拟合出来的对均匀电子气模型精度很高的相关泛函。最新的局域密度交换泛函是由 Perdew 和 Wang 于 1992 年提出的,也被广泛使用(例如在 DMol 软件中被称为 PWC 泛函)。

LDA 方法虽然形式简单,但由于实际计算中的加和效应和平均效应[30],LDA 对许多体系都能给出很好的结果,获得了出乎意料的惊人成功,是目前仍很常用的近似方法。在共价键、离子键或金属键结合的体系中,都可以很好地预估分子的几何构型,对键长、键角、振动频率等也都可以给出很好的结果。正是由于简单实用性,LDA 方法推动了 DFT 的广泛应用。1996 年,Kohn 证明了下述原理[8,31]:多电子体系在 r 附近的定域静态物理特征依赖于 r 邻域附近的粒子,例如,在半径为 $\lambda_F(r)$ 的球形区域{Fermi 波长 $\lambda_F(r) = [3\pi^2 n(r)]^{-1/3}$}内,而对这个区域以外的势场变化不敏感。这样,近似必须是局域或准局域的,这可以从理论上说明为何由 Kohn 和 Sham 引入的局域密度近似(LDA)非常成功。

但是通过计算结果与实验结果之间的比较，发现 LDA 方法存在一些缺陷，例如高估结合能和解离能（即低估晶胞参数、键长等）、低估绝缘体的带隙（甚至将绝缘体计算为金属）。对电子密度分布极不均匀或能量变化梯度大的系统，如对一些含过渡金属元素或稀土元素的材料来说，因为 d 电子或 f 电子的存在，其电子云的分布非常不均匀，使得空间中各点的交换关联能与空间中其他位置的电荷分布密切相关，LDA 方法将彻底失效，因此需要发展新的近似方法。

（2）GGA 方法

LDA 是在均匀电子气或电子密度变化足够缓慢的系统中提出的，用于描述密度变化大的非均匀电子气系统并不适合。LDA 对实际非局域的 $E_{xc}[n]$ 进行局域密度处理，因此对 $n(r)$ 进行梯度展开以考虑电荷分布的不均匀性对 $E_{xc}[n]$ 的影响自然地能进一步提高计算精度。因此在 LDA 的基础上，引入电子密度的梯度展开因子，只考虑密度的一级梯度对 $E_{xc}[n]$ 的贡献时得到的就是 GGA 方法。此时 $E_{xc}[n]$ 是电子密度 $n(r)$ 及其一级梯度的泛函：

$$E_{xc}[n] = \int dr f_{xc}(n(r), |\nabla n(r)|) \tag{2-24}$$

为了构造 GGA 交换关联泛函 $E_{xc}[n]$，通常也像 LDA 方法那样先分解成交换项 E_x 和关联项 E_c 两个部分。

在构造 GGA 交换关联泛函的方法方面，分为两个流派。一个以 Becke 为代表，他认为"一切都是合法的"，因此可以选择任何可能的泛函形式，形式的好坏仅由实际计算结果来决定。这样的泛函一般含有若干个实验参数，通过拟合大量的计算和实验数据得到这些参数。另外一个流派以 Perdew 为代表。他认为发展交换关联泛函必须以一定的物理规律为基础，这些规律包括标度关系、渐近行为等，得到的泛函尽量不包括实验参数。

常用的交换泛函 $E_x[n]$ 形式有含实验拟合参数的 Becke 1988（B88 或 B）[32]、Perdew-Wang 1991（PW91）[33] 及不含实验参数

Perdew 1986（P86）[34]、Perdew-Burke-Ernzerhof 1996（PBE）[35]等。关联泛函 $E_c[n]$ 的形式相对更加烦琐，主要有含参数的 P86 与不含参数的 Lee-Yang-Parr 1988（LYP）[36]、PW91、PBE 等。原则上，我们可以使用这些交换 $E_x[n]$ 和关联 $E_c[n]$ 泛函的任意组合形式作为交换关联泛函 $E_{xc}[n]$ 进行计算，但是实际上只有 B-P86、B-LYP、PW91-PW91、PBE-PBE 这些组合是比较常用的。

由于加入了一个非局域梯度项，与 LDA 相比，GGA 方法一般都能给出更精确的能量和结构，更适合用于非均匀的开放系统。大量的计算表明，相对于 LDA，GGA 在以下几个方面具有优势：(1)对于轻原子或是由轻原子所组成的分子、团簇、固体等组成的多电子体系，GGA 能显著改善计算的基态性质；(2)GGA 能够给出许多金属的正确基态，而 LDA 不能；(3)对于许多含有重金属元素的晶体而言，采用 LDA 计算得到的晶格常数比实验值要小不少，而采用 GGA 计算得到的晶格常数要大一些，与实验值比较接近。

需要注意的是，不同的 LDA 方案之间大同小异，但不同的 GGA 方案可能给出完全不同的结果[37,38]。总的来说，GGA 方法比 LDA 方法在能量计算方面有了很大的提高，对键长、键角的计算也更加准确。但是 GGA 也并不总是优于 LDA，例如在 LDA 能较好地预测晶胞参数的情况下 GGA 方法往往会导致过分修正，加上其计算量要明显大于 LDA，所以迄今为止 LDA 和 GGA 仍在并列地广泛使用。

在 GGA 的基础上发展出的 meta-GGA 方法，包含电子密度的更高阶梯度以及 KS 轨道梯度或动能密度等其他一些系统特征变量。例如 PKZB 泛函[39]就在 PBE 泛函的基础上包括了占据轨道的动能密度的信息。而最近的 TPSS 泛函[40]又在 PKZB 泛函的基础上首次提出了完全不依赖经验参数拟合的 meta-GGA 泛函。泛函中包含的信息越多，对客观系统的描述也就越准确。

2.2.4　自旋密度泛函理论

对于某些系统,计算时需要考虑某些特殊的性质,因此有必要对上述 DFT 作一些有针对性的扩充和修正。在实际应用中最常见、最早发展的就是自旋极化(Spin-polarized)DFT。

若系统哈密顿量中存在 Zeeman 能,则它对自旋向上和自旋向下的费米子的作用是不一样的,也就是说,磁场只能作用在自旋上而与轨道无关。事实上,在有外磁场情况下,这是一个很重要的效应,因此应该被考虑作为一个物理上真实的近似。在这种模型下,我们原本不分自旋的电子密度 $n(r)$ 这个基本变量变成了自旋向上 $n^{\uparrow}(r)$ 和自旋向下 $n^{\downarrow}(r)$ 两个,由此得到系统的总电荷密度和自旋极化密度。电子密度 $n(r)=n^{\uparrow}(r)+n^{\downarrow}(r)$,自旋密度 $s(r)=n^{\uparrow}(r)-n^{\downarrow}(r)$,引入的能量方程为

$$E=E_{HK}[n,s]\equiv E'_{HK}[n] \tag{2-25}$$

最后一项中的 $[n]$ 代表的函数既和空间位置有关又和自旋有关。在处理关于带有核自旋的原子、分子以及具有磁有序的固体的理论中,自旋密度泛函理论是必不可少的。

若存在外加的 Zeeman 场,对系统最低能量的求解应该考虑自旋极化,即 $n^{\uparrow}(r)\neq n^{\downarrow}(r)$,这类似于对称破缺求解没有约束的 Hartree-Fock 理论。实际上,Hohenberg-Kohn 理论最初的定义是:对于任一外势与自旋无关的系统,系统的基态是由总基态密度 $n(r)=n^{\uparrow}(r)+n^{\downarrow}(r)$ 确定的。

2.3　第一性原理计算在多铁性材料研究中的应用

19 世纪 90 年代,著名的法国科学家皮埃尔·居里从对称的角

度断言,不动的晶体可以表现出磁电效应[41]。我们不知道他如何能够在他的时代得出如此具有洞察力的结论,考虑到磁力学和铁电学的起源只能在量子力学诞生之后得到澄清,并且到目前为止在许多情况下仍然存在争论。然而,显然他为物质科学开辟了一个新的世界。100 年后,在庆祝居里思想一百周年之际,多铁性这一术语,即两个或多个主要铁性质在同一相联合起来,被 Schmid 提出来[42]。对磁电和多铁性材料的研究已经成为凝聚态物理学的重要分支。

在过去的 20 年中,很明显,从头算或第一性原理计算在磁电和多铁性研究的复兴中发挥了非常重要的作用。因此,本小节的目的是介绍第一性原理计算在磁电效应和多铁性材料研究中的应用,重点放在磁电和多铁性材料的第一性原理研究的重要进展上[43]。

2.3.1 单相多铁性材料的第一性原理研究

在诸如钙钛矿氧化物(ABO_3)的一些材料中,它们的正负电荷中心的非零偏差引起自发电偶极矩,其可以通过施加外部电场来逆转。这种自发电极化的特性被称为铁电性。铁电材料的研究始于 1894 年,当时在 Rochelle 盐中观察到异常大的压电常数。然而,直到 20 世纪 40 年代,在电介质、压电、弹性和铁电相变行为的现象学理论被报道之后才发现在 $BaTiO_3$ 和相关的钙钛矿结构氧化物中发现了铁电性[44]。Cochran[45] 和 Anderson[46] 提出了铁电软模理论,该理论将相变和晶格动力学不稳定性联系起来,并且已经被 Barker 等人在 $SrTiO_3$[47] 的红外反射实验中证明。我们已经知道在许多钙钛矿铁电体中的相变是弱的一级,例如正交 β 相 $BiFeO_3$,这可能是极化-应变耦合的结果[48,49]。

由于对化学、缺陷、边界条件和压力的敏感性,钙钛矿铁电体显示出非常不同的铁电行为,这是长程库仑马德龙(Madelung)力(有利于铁电态)和通过电子云的重叠引起的短程排斥(有利于非极性立方结构)之间的微妙平衡所致。采用 LAPW 方法的第一性原理方法以及依据 LDA 交换关联作用,Cohen 等人[50,51]提出了钙钛矿氧化物中铁电性的起源,B 阳离子和 O 之间的杂化对于减弱短程排斥并允许铁电转变是必不可少的。在大多数含有 B 阳离子的铁电氧化物钙钛矿中,最低的未占据态是 d-轨道,通过与 O $2p$ 态杂化来软化 B-O 静电排斥,使得铁电不稳定性成为可能。

为了明确地阐明钙钛矿氧化物中铁电性的来源,采用轨道选择性外势(OSEP)方法[52]通过改变特定原子轨道的能级来研究两种典型的钙钛矿氧化物即 $BaTiO_3$ 和 $PbTiO_3$ 中的铁电不稳定性。由于两个原子轨道之间的杂化强度在很大程度上依赖于它们的能量差异,通过应用外场来改变这些轨道的能级,可以有效地削弱(或加强)杂化[53],引起轨道杂化的变化。$PbTiO_3$ 是一种传统的铁电体,普遍认为其铁电性主要由 Pb $6s$ 孤对电子以及 Ti $3d$ 和 O $2p$ 轨道之间的杂化所引起。通过一般 DFT 方法和基于 OSEP 的 DFT 方法获得的双阱电位证明了 Pb $6s$ 和 Ti $3d$ 轨道在 $PbTiO_3$ 的铁电性中起着重要作用,与 Cohen 的理论一致[51]。

2.3.2　第一性原理理论预测新型多铁性材料

第一性原理方法还可以预测新型多铁性材料,下面介绍几个例子,其中一些已经被实验证实。

体相 $EuTiO_3$ 是立方钙钛矿结构的反铁磁性铁电体。但在 2006 年,Fennie 和 Rabe[54]利用第一性原理密度泛函理论计算发现,当双轴压缩应变大于 1.25% 时,$EuTiO_3$ 会发生从反铁磁顺电相向铁磁铁电相的转变。应变很容易在实验中实现,系统目标就很容易实现,在 $DyScO_3$ 衬底上沉积的 $EuTiO_3$ 薄膜可以实现双轴拉伸 $+1.1\%$,实验证明,同时出现很强的铁磁性(大约 7 μ_B/Eu)和铁电自发极化[大约(29 ± 2) μ_C/cm][55]。正如我们所看到的,第一性原理研究证明了在特定条件下寻找多铁性材料的有效性。

同样是在 2010 年,Bousquet 等人[56]从理论上预测高外延应变的铁磁 EuO 会变成铁电性的,并指出在铁电性区域内保持铁磁性。由于 EuO 的顺磁性到铁磁转变温度约为 69 K,大于 EuTiO$_3$ 的 (4.24±0.02)K,并将在外延应变作用下进一步增加[57],EuO 可能是多铁性材料的潜在候选者。不幸的是,第一性原理计算的临界外延应变,−3.3%的双轴压缩和＋4.2%的双轴拉伸过大,目前无法通过实验实现。

与预测 EuO 和 EuTiO$_3$ 中应变诱导的多铁性不同,Benedek 和 Fennie[58]预测了 Ruddlesden-Popper 材料 Ca$_3$Mn$_2$O$_7$ 中八面体旋转诱导的多铁性。他们发现两种不同的八面体旋转模式可以驱动铁电畸变,这直接表明极化、旋转和倾斜之间存在耦合。在 Ca$_3$Mn$_2$O$_7$ 系统中,两个旋转模式具有不同对称性,即氧八面体旋转模式和氧八面体倾斜模式。基于第一性原理计算的结果表明,只有当两个旋转被冻结才会使极化值非零,表明系统的极化状态是两种模式的组合[59]。此外,还观察到外加应变对这一特殊铁电机理的影响。值得注意的是,Ca$_3$Mn$_2$O$_7$ 中的八面体旋转模式不仅会产生铁电性,还会产生弱铁磁性,在这种机制下发现一些单相多铁性材料是非常有趣的。

2.3.3 理论设计人工多铁性材料

第一性原理研究不仅可以预测未知的多铁性材料,而且有助于我们设计多铁性材料。由于自然界中缺乏多铁性材料,近年来在人工材料中实现多铁性的研究备受关注。如上所述,第一性原理研究准确预测了 EuTiO$_3$ 中应变诱导的多铁性,为应变工程设计多铁性材料开辟了一条新的道路。事实上在多铁性材料研究获得突破之前,由于薄膜与衬底之间的晶格失配引起的双轴应变已经被广泛用于调制材料的物理性质，如使顺电-铁电或顺磁-铁磁转变温度 T_c 改变数百度，并改善半导体晶体管的迁移率[60]。

此外，更积极的改善磁性和铁电性能的方法是掺杂[61]。在过去的 10 多年中，人们对掺杂 $BiFeO_3$ 进行了大量的研究。对于 B 位取代，Fe^{3+} 离子被其他过渡金属离子取代。这种情况的一个很好的例子是 Bi_2FeCrO_6 双钙钛矿[62]。一般来说，根据 Kanamori 规则，Fe-O-Cr 的超交换相互作用可以诱导铁磁序[63,64]。然而，Bi_2FeCrO_6 显示了亚铁磁性基态，Fe-O-Cr 键角偏离完美的 $180°$。Fe 和 Cr 离子的磁矩有很大的不同（Fe^{3+} 的 $5\ \mu_B$ 和 Cr^{3+} 的 $3\ \mu_B$），它可以诱发净磁序（一对 Fe-Cr $2\ \mu_B$）。由于打破组分对称性，Bi_2FeCrO_6 的空间群降低为 $R3$，铁电极化约为 $90\ \mu C\cdot cm^{-2}$。

在掺杂系统中可以建立有趣的人工结构，如棋盘模型。铁电-反铁磁性 $BiFeO_3$ 和铁磁性 $BiMnO_3$ 是制备具有多铁行为的纳米复合材料的理想材料，即同时具有铁电性和铁磁性。Pálová 等人[65]设计了棋盘格模型，减小了其反铁磁和铁磁态的能量差，使得磁相变发生的可能性大大增大。铁电性可以保留，但是这种结构很难在实验中生长。

2.4　第一性原理计算软件 CASTEP 简介

本书中的理论计算工作主要采用美国 Accelrys 公司商业化软件包 Material Studio 中的 CASTEP 量子力学模块[66]。CASTEP 软件包是基于 DFT 的从头算量子力学程序，计算时只需要输入所研究体系的初始几何结构和组成原子的种类与数目。它已经被广泛应用于陶瓷、半导体以及金属等多种材料的研究。可研究的内容包括：晶体材料（半导体、陶瓷、金属、分子筛等）的性质、表面和表面重构的性质、表面化学、电子结构（能带及态密度、声子谱）、晶体的光学性质、点缺陷性质(如空位、间隙或取代掺杂)、扩展缺陷(晶粒间界、位错)、成分无序等。方便的自旋极化设置,还可用于计算磁性体系。可显示体系的三维电荷密度及波函数、模拟扫描隧道显微镜(STM)图像、固体材料的红外光谱、计算电荷差分密度。

　　基于DFT的第一性原理计算方法的区别,在于它们对KS方程各项的具体形式及基函数的选择有所不同,主要是展开体系波函数的基组(基函数)不同和对晶体势的处理不同。最常用的固定基组就是平面波基组,它是自由电子气的本征函数,是最简单的正交、完备函数集。它的一个优点是可以通过增大截止能量的办法系统改善函数集的性质。但是,系统波函数在原子核附近有很强的定域性,动量较大,具有类似于孤立原子中电子波函数的急剧振荡特征,需要数百个平面波才能展开,导致计算过程收敛很慢,甚至无法收敛,因此除了少数金属单质(如Al),直接使用平面波展开方法不具有实用意义[14]。所以,通常平面波基组都是和其他方法配套使用。现在平面波基组经常和赝势方法联系在一起。

　　对于由许多原子组成的固体,根据坐标空间波函数的不同的特点可以被分成两部分:(1)近原子核区域,即所谓的芯区,波函数由紧束缚的芯电子波函数组成,与近邻原子波函数的相互作用很小;(2)其余区域,价电子波函数相互交叠、相互作用。尽管芯区的势较强地吸引价电子,但是对价态的贡献有如一个有效排斥势。与核的库仑势相比,这种有效势较弱。因此只有包围芯区的价电子的作用是主要的,而芯区内部电子的贡献可以忽略。如果能够构建出一个与芯态波函数正交的函数,那正交的结果对价态波函数的贡献就等效于一个排斥势,它与芯区势对价电子的强烈吸引相互抵消,使得价电子相当于在一个真实势弱得多的有效势场中运动而大大有益于计算的收敛性。这一思想很自然地导出了赝势(Pseudopotential)的概念。假设存在某个截断距离 r_c 将原子波函数分成芯态和价态两部分。由于芯态波函数与周围原子波函数的相互作用很小,其状态几乎不变;相反,与邻近原子的作用主要由价态波函数承担。因此从考虑原子之间相互作用的角度看,可将原子波函数进行如下处理:在 r_c 以外的价态波函数仍然保留真实平面波函数的形状,而把 r_c 以内的波函数按与价态波函数正交的前提条件设置成空间变化平缓的平面波形状。再将处理过的芯态波函数和未处理过的价态波函数组合起来,就得到了一个新的原子波函数,这就是赝波函数(Pseudo-Plane-Wave,PPW)。在保证 PPW 与真实波函数具有完全相同的能量本征值这个前提条件下同步将真实原子势(包括核对价电子的库仑势和芯电子对价电子的等效排斥势)改变成某种有效势,这就是赝势,用来模拟离子实对价电子的有效作用。

赝势平面波方法[67]已经成为固体能带计算中最成熟、应用最广泛的方法之一。CASTEP 软件就是采用平面波赝势方法,它使用多个平面波作为基组,用平滑赝势替代原子核附近截断半径之内的具有库仑奇异性的真实势,在截断半径之外,赝势与真实势相同。因为平面波具有非局域性特征,因此特别适合描述价电子。使用快速傅里叶变换技术,单粒子态可以很容易地快速展开为平面波的叠加。

CASTEP 软件采用模守恒赝势(Norm-Conserving Pseudopotential,NCP)和超软赝势(Ultra-Soft Pseudopotential,USP):

(1) NCP。最早由 Hamann 等人提出,它是基于密度泛函理论的观点所确定的没有任何附加经验参数的赝势,即所谓的第一性原理从头算原子赝势[68]。其所对应的波函数不仅与真实势对应的波函数具有相同的能量本征值,而且在芯区半径 r_c 以外与真实波函数的形状和幅度都相同(即模守恒条件),在 r_c 以内变化缓慢,没有大的动能。这种赝势能产生正确的电荷密度,适合作自洽计算。

(2) USP。由 Vanderbilt 于 1990 年首次提出[69],其特色是让波函数变得更平滑,也就是所需的平面波基底函数更少。所谓"软",可由总能(Total Energy,E_{tot})对平面波截断动能(Energy

Cutoff，E_{cut})的收敛性来定义，即 E_{cut} 用到多大时计算所求得的 E_{tot} 不再改变，所需的 E_{cut} 越小，就称赝势越"软"。

USP 的赝波函数已经不必再遵守模守恒条件，通过引入多参考能量、补偿电荷（Augmentation Charge）等概念来达到所谓的一般的正交归一化条件。由波函数模的平方给出的电子密度必须在核区域内扩大以恢复全部电荷，因此，电子密度被分为两个部分：（1）贯穿整个晶胞的平滑部分；（2）位于芯区域内的坚硬部分。被放大的部分只出现在电子密度中，而不出现在波函数中。USP 除了比 NCP 更软之外还有另一个优势，USP 算法保证了在每个特定的能量区间内很好的散射性，这样做的好处是提高了赝势的可移植性和准确性。

参 考 文 献

[1] BAIBICH M N，BROTO J M，FERT A，et al. Giant magnetoresistance of (001)Fe/(001)Cr magnetic superlattices [J]. Physical Review Letters，1988，61(21)：2472.

[2] BINASCH G，GRÜNBERG P，SAURENBACH F，et al. Enhanced magnetoresistance in layered magnetic structures with antiferromagnetic interlayer exchange[J]. Physical Review B，1989，39(7)：4828.

[3] FERT A. Nobel lecture：Origin，development，and future of spintronics [J]. Reviews of Modern Physics，2008，80(4)：1517.

[4] HART G L W. Computational materials science：Out of the scalar sand box[J]. Nature Materials，2008，7(6)：426.

[5] 冯端，金国钧. 凝聚态物理学（上卷）[M]. 北京：高等教育出版社，2003.

[6] DREIZLER R M，GROSS E K U. Density functional theory：An approach to the quantum many-body problem[M]. [S. l.]：Springer Science & Business Media，2012.

[7] 曾谨言. 量子力学[M]. 北京：科学出版社，2000.

[8] KOHN W. Nobel Lecture：Electronic structure of matter-wave functions

and density functionals [J]. Reviews of Modern Physics, 1999, 71 (5):1253.

[9] BORN M,OPPENHEIMER J R. Zur Quantentheorie der Molekeln[J]. Annalen der Physik,1927,389(20):457-484.

[10] SLATER J C. Wave functions in a periodic potential[J]. Physical Review,1937,51(10):846.

[11] LEVY M. Electron densities in search of Hamiltonians[J]. Physical Review A,1982,26(3):1200.

[12] FOCK V. Näherungsmethode zur Lösung des quantenmechanischen Mehrkörperproblems [J]. Zeitschrift für Physik, 1930, 61 (1-2): 126-148.

[13] 吴代鸣. 固体物理学[M]. 长春:吉林大学出版社,1996.

[14] 李正中. 固体物理[M]. 北京:高等教育出版社,2002.

[15] THOMAS L H. The calculation of atomic fields[J]. Mathematical Proceedings of the Cambridge Philosophical Society, 1927, 23 (5): 542-548.

[16] FERMI E. Un metodo statistico per la determinazione di alcune priorieta dell'atome [J]. Rend. Accad. Naz. Lincei, 1927, 6 (602-607):32.

[17] HOHENBERG P,KOHN W. Inhomogeneous electron gas[J]. Physical Review,1964,136(3B):B864.

[18] KOHN W, SHAM L J. Self-consistent equations including exchange and correlation effects[J]. Physical Review,1965,140(4A):A1133.

[19] CAPELLE K,VIGNALE G. Nonuniqueness of the potentials of spin-density-functional theory [J]. Physical Review Letters, 2001, 86 (24):5546.

[20] RUNGE E, GROSS E K U. Density-functional theory for time-dependent systems[J]. Physical Review Letters,1984,52(12):997.

[21] GROSS E K U, KOHN W. Local density-functional theory of frequency-dependent linear response [J]. Physical Review Letters,

1985,55(26):2850.

[22] YANG W,AYERS P W,WU Q. Potentialfunctionals:Dual to density functionals and solution to the v-representability problem[J]. Physical Review Letters,2004,92(14):146404.

[23] LÜDERS M,ERNST A,TEMMERMAN W M,et al. Ab initio angle-resolved photoemission in multiple-scattering formulation[J]. Journal of Physics:Condensed Matter,2001,13(38):8587.

[24] STOWASSER R,HOFFMANN R. What do the Kohn-Sham orbitals and eigenvalues mean? [J]. Journal of the American Chemical Society,1999,121(14):3414-3420.

[25] SLATER J C. A simplification of the Hartree-Fock method[J]. Physical Review,1951,81(3):385.

[26] CEPERLEY D M,ALDER B J. Ground state of the electron gas by a stochastic method[J]. Physical Review Letters,1980,45(7):566.

[27] PERDEW J P,ZUNGER A. Self-interaction correction to density-functional approximations for many-electron systems [J]. Physical Review B,1981,23(10):5048.

[28] SLATER J C,PHILLIPS J C. Quantum theory of molecules and solids Vol. 4:The self-consistent field for molecules and solids[J]. Physics Today,1974,27:49.

[29] VOSKO S H,WILK L,NUSAIR M. Accurate spin-dependent electron liquid correlation energies for local spin density calculations:A critical analysis[J]. Canadian Journal of Physics,1980,58(8):1200-1211.

[30] MARTIN R M. Electronic structure:Basic theory and practical methods[M]. Cambridge:Cambridge University Press,2004.

[31] KOHN W. Density functional and density matrix method scaling linearly with the number of atoms[J]. Physical Review Letters,1996, 76(17):3168.

[32] BECKE A D. Density-functional exchange-energy approximation with correct asymptotic behavior[J]. Physical Review A,1988,38(6):3098.

[33] BURKE K, PERDEW J P, WANG Y. Derivation of a generalized gradient approximation: The PW91 density functional[M]// DOBSON J F, VIGNALE G, DAS M P. Electronic density functional theory. [S. l.]: Springer US, 1998: 81-111.

[34] PERDEW J P. Density-functional approximation for the correlation energy of the inhomogeneous electron gas[J]. Physical Review B, 1986, 33(12): 8822.

[35] PERDEW J P, BURKE K, ERNZERHOF M. Generalized gradient approximation made simple[J]. Physical Review Letters, 1996, 77 (18): 3865.

[36] LEE C, YANG W, PARR R G. Development of the Colle-Salvetti correlation-energy formula into a functional of the electron density [J]. Physical Review B, 1988, 37(2): 785.

[37] FILIPPI C, UMRIGAR C J, TAUT M. Comparison of exact and approximate density functionals for an exactly soluble model[J]. The Journal of Chemical Physics, 1994, 100(2): 1290-1296.

[38] XU X, GODDARD W A. The X3LYP extended density functional for accurate descriptions of nonbond interactions, spin states, and thermochemical properties[J]. Proceedings of the National Academy of Sciences, 2004, 101(9): 2673-2677.

[39] PERDEW J P, KURTH S, ZUPAN A, et al. Accurate density functional with correct formal properties: A step beyond the generalized gradient approximation[J]. Physical Review Letters, 1999, 82(12): 2544.

[40] TAO J, PERDEW J P, STAROVEROV V N, et al. Climbing the density functional ladder: Nonempirical meta-generalized gradient approximation designed for molecules and solids[J]. Physical Review Letters, 2003, 91(14): 146401.

[41] SESHADRI R, HILL N A. Visualizing the role of Bi 6s "lone pairs" in the off-center distortion in ferromagnetic $BiMnO_3$ [J]. Chemistry of

Materials,2001,13(9):2892-2899.

[42] SCHMID H. Multi-ferroic magnetoelectrics[J]. Ferroelectrics,1994, 162(1):317-338.

[43] FANG Y W,DING H C,TONG W Y,et al. First-principles studies of multiferroic and magnetoelectric materials[J]. Science Bulletin,2015, 60(2):156-181.

[44] BUSSMANN-HOLDER A. The polarizability model for ferroelectricity in perovskite oxides[J]. Journal of Physics:Condensed Matter,2012, 24(27):273202.

[45] COCHRAN W. Crystal stability and the theory of ferroelectricity[J]. Physical Review Letters,1959,3(9):412.

[46] ANDERSON P W. Fizika dielektrikov [M]. Moscow: Akad. Nauk,1960.

[47] BARKER JR A S, Tinkham M. Far-infrared ferroelectric vibration mode in $SrTiO_3$[J]. Physical Review,1962,125(5):1527.

[48] DUPÉ B,PROSANDEEV S,GENESTE G,et al. $BiFeO_3$ films under tensile epitaxial strain from first principles [J]. Physical Review Letters,2011,106(23):237601.

[49] FAN Z, WANG J, SULLIVAN M B,et al. Structural instability of epitaxial (001) $BiFeO_3$ thin films under tensile strain[J]. Scientific Reports,2014,4:4631.

[50] COHEN R E, KRAKAUER H. Lattice dynamics and origin of ferroelectricity in $BaTiO_3$: Linearized-augmented-plane-wave total-energy calculations[J]. Physical Review B,1990,42(10):6416.

[51] COHEN R E. Origin of ferroelectricity in perovskite oxides [J]. Nature,1992,358(6382):136.

[52] DU Y, DING H C, SHENG L, et al. Microscopic origin of stereochemically active lone pair formation from orbital selective external potential calculations [J]. Journal of Physics: Condensed Matter,2013,26(2):025503.

[53] HILL N A. Why are there so few magnetic ferroelectrics? [J]. Journal of Physical Chemistry B,2000,104(29):6694-6709.

[54] FENNIE C J, RABE K M. Magnetic and electric phase control in epitaxial $EuTiO_3$ from first principles[J]. Physical Review Letters, 2006,97(26):267602.

[55] LEE J H, FANG L, VLAHOS E, et al. A strong ferroelectric ferromagnet created by means of spin-lattice coupling[J]. Nature, 2010,466(7309):954.

[56] BOUSQUET E, SPALDIN N A, GHOSEZ P. Strain-induced ferroelectricity in simple rocksalt binary oxides[J]. Physical Review Letters,2010,104(3):037601.

[57] INGLE N J C, ELFIMOV I S. Influence of epitaxial strain on the ferromagnetic semiconductor EuO: First-principles calculations[J]. Physical Review B,2008,77(12):121202.

[58] BENEDEK N A, FENNIE C J. Hybrid improper ferroelectricity: A mechanism for controllable polarization-magnetization coupling[J]. Physical Review Letters,2011,106(10):107204.

[59] HARRIS A B. Symmetry analysis for the Ruddlesden-Popper systems $Ca_3Mn_2O_7$ and $Ca_3Ti_2O_7$[J]. Physical Review B,2011,84(6):064116.

[60] SCHLOM D G, CHEN L Q, EOM C B, et al. Strain tuning of ferroelectric thin films[J]. Annu. Rev. Mater. Res. ,2007,37:589-626.

[61] YANG C H, KAN D, TAKEUCHI I, et al. Doping $BiFeO_3$: Approaches and enhanced functionality[J]. Physical Chemistry Chemical Physics, 2012,14(46):15953-15962.

[62] NECHACHE R, HARNAGEA C, CARIGNAN L P, et al. Epitaxial Bi_2FeCrO_6 multiferroic thin films[J]. Philosophical Magazine Letters, 2007,87(3-4):231-240.

[63] KANAMORI J. Superexchange interaction and symmetry properties of electron orbitals[J]. Journal of Physics and Chemistry of Solids,1959, 10(2-3):87-98.

[64] UEDA K, TABATA H, KAWAI T. Ferromagnetism in LaFeO$_3$-LaCrO$_3$ superlattices[J]. Science, 1998, 280(5366): 1064-1066.

[65] PÁLOVÁ L, CHANDRA P, RABE K M. Magnetostructural Effect in the Multiferroic BiFeO$_3$-BiMnO$_3$ Checkerboard from First Principles [J]. Physical Review Letters, 2010, 104(3): 037202.

[66] CLARK S J, SEGALL M D, PICKARD C J, et al. First principles methods using CASTEP [J]. Zeitschrift für Kristallographie-Crystalline Materials, 2005, 220(5/6): 567-570.

[67] WANG Y, ROGADO N S, CAVA R J, et al. Spin entropy as the likely source of enhanced thermopower in NaxCo$_2$O$_4$ [J]. Nature, 2003, 423 (6938): 425.

[68] HAMANN D R, SCHLÜTER M, CHIANG C. Norm-conserving pseudopotentials[J]. Physical Review Letters, 1979, 43(20): 1494.

[69] VANDERBILT D. Soft self-consistent pseudopotentials in a generalized eigenvalue formalism [J]. Physical Review B, 1990, 41 (11): 7892.

高压下多铁性材料 BiCoO₃ 的物性研究

3.1 研究背景简介

多铁的概念由 Pierre Curie 提出,最早发现的多铁性材料为镍-碘方硼石($Ni_3B_7O_{13}I$)。从 20 世纪 60—70 年代开始,多铁材料备受关注。根据 Schmid[1] 的分析,允许磁性和铁电性同时存在的点群仅有 13 个,因此大多数多铁性材料是铁电材料和磁性材料的固熔体或通过其他方式复合构成的。多铁性材料包括钙钛矿 ABO_3 结构类化合物、方硼石结构化合物、$BeMF_4$ 结构类化合物等,而研究较多的主要是同时具有铁电性和铁磁性的钙钛矿结构的多铁性材料。

对多铁性材料研究兴趣的复苏促进了制备高质量单晶技术的发展,促进了薄膜生长技术的进步,促进了理论与实验工作的合作。$BiCoO_3$ 材料是 2006 年日本科学家 Belik 等人在寻找多铁新材料的过程中,通过高温高压技术合成的一种新型多铁化合物[2]。它与传统铁电材料 $PbTiO_3$ 具有相同的简单钙钛矿结构(空间群 P_{4mm})。由于具有非常大的四方结构畸变,这种多铁化合物的磁性离子 $Co^{3+}(3d^6)$ 与 O^{2-} 离子形成五配位的 CoO_5 方锥体。方锥体通过共角连接形成独立层状结构(图 3-1)。室温下晶格常数 $a = 3.72937(7)$ Å,$c = 4.72382(15)$ Å,$BiCoO_3$ 的四方性($c/a = 1.27$)比 $PbTiO_3$ 的

($c/a＝1.06$)大得多，这表明四方相 BiCoO₃ 的铁电自发极化(Ps)比 PbTiO₃ 的更大。通过第一性原理 Berry 相方法计算 BiCoO₃ 的极化值 Ps 高达 179 μC·cm^{-2}[3,4]。中子粉末衍射实验确定 BiCoO₃ 是绝缘体，磁性 Co^{3+} 离子具有高自旋($3d^6$，$t_{2g}^4 e_g^2$)的电子构型，在 Néel 温度 470 K 以下具有长程反铁磁磁性序，Co^{3+} 离子的磁矩平行于 c 方向，而在 ab 面上是反铁磁(AFM)耦合的。AFM 的 ab 层沿 c 方向平行堆积在一起形成 C 型 AFM 磁结构[2]。第一性原理 LSDA 和 LSDA+U 计算从理论上验证了 BiCoO₃ 的绝缘性和 C 型 AFM 磁结构[5]。BiCoO₃ 具有简单的钙钛矿结构，其四方相备受关注，它是少数在室温下同时具有铁电性和磁性的材料之一，室温下呈反铁磁序和铁电序。在新型存储器件中，自旋电子器件有着广阔的应用前景，吸引了广大科研工作者的兴趣。除了具有作为潜在多功能材料的应用价值外，BiCoO₃ 也表现了许多有趣的和奇特的基础物理性质[2-6]。

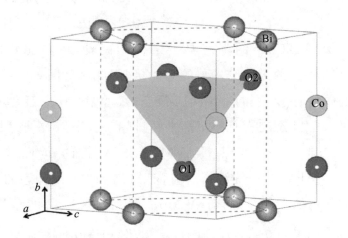

图 3-1　BiCoO₃ 四方相的晶体结构模型：Co 原子位于 CoO₅ 方锥体内，虚线对应单胞，实线对应 $\sqrt{2}\times\sqrt{2}\times1$ 磁性超晶胞

3.2　理论建模和基本参数的选择

本章的计算工作是采用 Materials Studio 软件中的 CASTEP 计算模块来完成的。第 2 章已经介绍过,CASTEP 以 DFT 为理论基础,以 LDA 或 GGA(包括非自旋极化与自旋极化两个版本)处理电子与电子间的交换关联作用,采用 PPW 基组(可选模守恒赝势 NCP 或超软赝势 USP)展开电子波函数。

先根据中子粉末衍射实验的数据建立 $BiCoO_3$ 的铁电四方相的晶体结构模型(图 3-1)。为了保证计算的收敛性,首先认真进行了的收敛测试,平面波截止能量(E_{cut})选择 750 eV,倒空间的 K 点间距固定为 0.03 $Å^{-1}$,其他计算参数设定为 CASTEP 模块的 ultrafine 默认精度值。采用 BFGS 算法来完全优化晶体的内坐标和晶格参数。收敛标准为:能量改变、最大力、最大应力和最大位移分别为 5×10^{-6} eV/atom、0.01 eV/Å、0.02 GPa 以及 5×10^{-4} Å。

为了探寻 $BiCoO_3$ 的基态电子结构和磁性,需要比较四方相 $BiCoO_3$ 所有可能的磁性结构下的总能量,因此考虑图 3-2 所示的四种特殊的磁有序模型,即铁磁(FM)态,A 型、C 型和 G 型反铁磁(AFM)态。FM 态的所有磁矩都平行排列,而 A-AFM 是 FM 性的 ab 面沿 c 方向 AFM 堆积,C-AFM 是 AFM 性的 ab 面沿 c 方向 FM 堆积,G-AFM 是自旋沿所有方向 AFM 排列。FM 态的原胞中所有电子自旋都平行排列;对 A-AFM 态,在 $1 \times 1 \times 2$ 的超晶胞中,FM 的 ab 平面沿 c 方向呈反铁磁性堆积;对 C-AFM 态,在 $\sqrt{2} \times \sqrt{2} \times 1$ 超晶胞中,AFM 的 ab 平面沿 c 方向呈铁磁性堆积;对 G-AFM 态,在 $2 \times 2 \times 2$ 超晶胞中,沿三个方向磁矩都呈反铁磁性堆积。

用 LDA 或 GGA 处理电子与电子间的交换关联作用,低估了

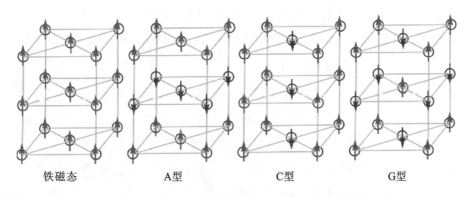

铁磁态　　　　　　A型　　　　　　C型　　　　　　G型

图 3-2　计算中考虑的四种特殊磁有序模型的简化图

强大的近场库仑斥力,有时甚至会带来一些不必要的麻烦。用一个有效的方式来改善 LDA 和 GGA,使之更准确的方法是修正内部原子相互作用,通过所谓的 LDA+U 或 GGA+U 方法修正库仑相互作用,其中低估的带内库仑相互作用通过 Hubbard 参数 U 来修正。这种方法已经被用来讨论 BiCoO₃ 的平衡晶格参数等。由于 U 的选择是不明确的,因此,常常尝试选取一系列 U 值来进行模拟,并与实验数据,如带隙和结构特性进行比较,进一步选择更加合理的交换关联泛函,使之更适合描述四方相 BiCoO₃ 磁性、电子结构、几何结构等。

对于 BiCoO₃,其理想立方顺电相(空间群 $Pm\overline{3}m$)的原子位置分别为 Bi $(0,0,0)$、Co$(0.5,0.5,0.5)$、O₁$(0.5,0.5,0)$、O₂$(0.5,0,0.5)$,相应的四方铁电相的原子位置分别为 Bi $(0,0,0)$、Co$(0.5,0.5,0.5+Z_1)$、O₁$(0.5,0.5,Z_2)$、O₂$(0.5,0,0.5+Z_3)$。首先应用不同的交换关联泛函对结构进行优化,将得到的结构参数及磁矩与实验数据对比。

　　将表 3-1 的计算结果与实验数据对比可以发现,使用 LDA 计算与 GGA 相比,低估了 $BiCoO_3$ 磁矩,结果是明显偏离实验的非磁性态。尤其是四方结构的 $BiCoO_3$ 用 LDA 计算时结构弛豫到接近立方钙钛矿结构,空间群为中心对称的 $Pm\bar{3}m$。与此相反,GGA 泛函成功地再现了四方晶相的晶体结构。这说明,LDA 对系统的处理效果不如 GGA。然而,PW91 和 RPBE 泛函明显高估晶格常数 a、c 和单胞体积 V,导致轴向比 c/a 和体积 V 与实验值的相对误差较大,因此应用 LDA+U 进行修正。

表 3-1　常温常压条件下通过实验测量和理论计算的四方相 $BiCoO_3$ 的晶格常数、原子位置和磁矩

	实验值[2]	LDA	PBE	RPBE	PBESOL	WC	PW91
$a(\text{Å})$	3.729	3.640	3.725	3.760	3.676	3.679	3.721
$c(\text{Å})$	4.724	4.089	4.846	4.954	4.715	4.716	4.838
c/a	1.267	1.123	1.301	1.317	1.283	1.282	1.300
$M(\mu_B)$	2.93	0	3.08	3.18	2.90	2.92	3.06
Z_1	0.0669	0.1132	0.0731	0.0711	0.0768	0.0764	0.0737
Z_2	0.2034	0.1605	0.1992	0.2061	0.1915	0.1914	0.1992
Z_3	0.230	0.2071	0.2254	0.2279	0.2211	0.2216	0.2250

　　将表 3-2 中的计算结果与 LDA 计算结果以及实验数据进行对比,可以发现,对 LDA 修正后(即采用 LDA+U 方法),随着 U 的变化,体积和磁矩与实验的相对误差有的增大有的减小,与 c/a 的相对误差不存在正相关关系。这说明采用 LDA+U 修正的结果也并不是太理想,因此可以考虑对 GGA 进行修正,采用 GGA+U 方法进一步计算。

表 3-2　LDA+U 修正后计算的四方相 BiCoO₃ 的晶格常数、原子位置和磁矩

$U(eV)$	1	2	3	4	5	6	7	8
$a(\text{Å})$	3.594	3.602	3.607	3.610	3.615	3.619	3.624	3.634
$c(\text{Å})$	4.647	4.667	4.685	4.694	4.700	4.706	4.703	4.702
c/a	1.293	1.296	1.299	1.300	1.300	1.300	1.298	1.294
$M(\mu_B)$	2.90	3.04	3.12	3.18	3.24	3.28	3.30	3.34
Z_1	0.0729	0.0706	0.0693	0.05684	0.0680	0.0679	0.0683	0.0698
Z_2	0.1863	0.1869	0.1876	0.1875	0.1873	0.1870	0.1861	0.1835
Z_3	0.2289	0.2309	0.2320	0.2330	0.2336	0.2340	0.2343	0.2351

　　对比表 3-2 和表 3-3 可以发现，与 LDA+U 相比，随着 U 的增大，原来被低估的体积被 GGA+U 高估，磁矩被进一步高估，轴向比 c/a 则稍有减小的趋势。这说明不同的修正参数对系统的影响不同。

表 3-3　GGA+U 修正后计算的四方相 BiCoO₃ 的晶格常数、原子位置和磁矩

$U(eV)$	1	2	3	4	5	6	7	8
$a(\text{Å})$	3.732	3.736	3.740	3.743	3.749	3.754	3.768	3.792
$c(\text{Å})$	4.873	4.886	4.891	4.894	4.907	4.903	4.886	4.905
c/a	1.306	1.308	1.308	1.308	1.309	1.306	1.297	1.293
$M(\mu_B)$	3.18	3.24	3.30	3.34	3.38	3.40	3.44	3.48
Z_1	0.0714	0.0704	0.0698	0.694	0.0695	0.0700	0.0727	0.0761
Z_2	0.2005	0.2007	0.2002	0.1998	0.2003	0.1993	0.1957	0.1899
Z_3	0.2270	0.2281	0.2287	0.2292	0.2297	0.2299	0.2302	0.2327

　　通过修正后与修正前计算结果与实验数据以及相对误差的比较(图 3-3),相对于实验数据,LDA 近似计算的结果较 GGA、LDA $+U$、GGA$+U$ 相差较大。综合来说,在研究 $BiCoO_3$ 的各个性质时,选 WC 泛函是比较理想的,它得出的结果与实验值更接近,误差相对其他交换关联泛函来说明显较小。计算结果也说明,我们根据计算不同的难度和考虑要素的多少来选择合适的交换关联泛函,在不同的近似条件下逐步进行修正,以期达到更高的精度,但实际上修正后的结果并非越来越精确。在研究 $BiCoO_3$ 的某个性质时,要视具体的研究问题来选择相应的交换关联泛函。

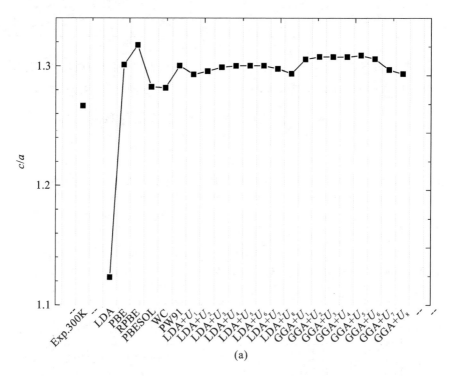

(a)

图 3-3　修正后与修正前计算结果与实验数据及误差综合比较

(a)c/a 值;(b)相对误差

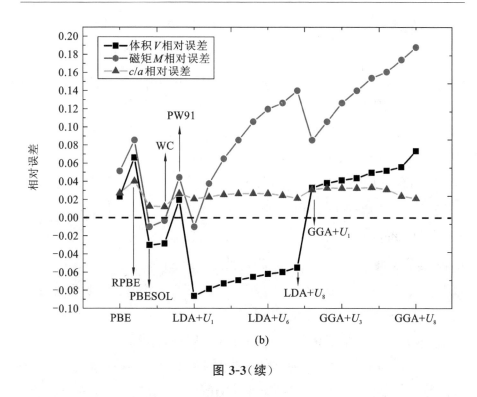

图 3-3（续）

3.3　BiCoO₃ 的 Co³⁺ 离子自旋态及基态电子结构

3.3.1　Co³⁺ 离子自旋态

五配位的金字塔形方锥体 MO₅ 常见于钒酸盐化合物[7-9]（如 NaV₂O₅、CaV₂O₅ 以及 MgV₂O₅ 中的 VO₅ 方锥体）中，它与常见的六配位的八面体 MO₆ 以及四配位的四面体 MO₄ 存在着显著的差别。典型的八面体晶体场中，五重简并的 $3d$ 轨道劈裂成能量较高的二重简并的 e_g（$d_{x^2-y^2}$ 和 d_{z^2}）和能量较低的三重简并的 t_{2g}（即 d_{xy}、d_{yz}

和 d_{zx})能级。而在方锥体晶体场里,$3d$ 轨道进一步劈裂成非简并的 $b_{2g}(d_{xy})$、二重简并的 $e_g(d_{yz},d_{zx})$ 以及非简并的 $a_{1g}(d_{z^2})$ 和 $b_{1g}(d_{x^2-y^2})$ 能级[4-6]。由于晶体场劈裂、Coulomb 关联效应和 Hund 规则交换作用之间的竞争,如图 3-4 所示,方锥体晶体场中的 Co^{3+} 离子可以表现出三种可能的自旋构型,即低自旋态(Low Spin,LS,$b_{2g}^2 e_g^4 a_{1g}^0 b_{1g}^0$,$S=0$)、中间自旋态(Intermediate Spin,IS,$b_{2g}^2 e_g^3 a_{1g}^1 b_{1g}^0$,$S=1$)和高自旋态(High Spin,HS,$b_{2g}^2 e_g^2 a_{1g}^1 b_{1g}^1$,$S=2$)。在八面体晶体场中,$Co^{3+}$ 离子也可以表现出三种自旋态,即低自旋态($t_{2g}^6 e_g^0$,$S=0$)、中间自旋态($t_{2g}^5 e_g^1$,$S=1$)和高自旋态($t_{2g}^4 e_g^2$,$S=2$)。通常,晶体场劈裂使 Co^{3+} 离子处于低自旋态,而 Hund 交换耦合则喜欢高自旋态[10]。一般认为,Co^{3+} 离子在八面体晶体场中处于低自旋态,而在方锥体中处于中间自旋态[11]。但是 Co^{3+} 离子的自旋态一直是个有争议的课题,尤其是在方锥体晶体场中[12]。

在 $BiCoO_3$ 中各离子理想的电子排布为:O^{2-}($2s^2 2p^6$)、Co^{3+}($3d^6$)、Bi^{3+}($6s^2$)。显然 O^{2-} 和 Bi^{3+} 离子电子排布为满壳层,只有 Co^{3+} 离子可能存在净自旋。理论上来说能量越低越稳定,那么对于单个的 Co^{3+} 离子在方锥体晶体场劈裂后基态电子排布应该如图 3-4(b)所示,为低自旋态(LS),此时有 $S=0$,且能量最低。也就是说当考虑自旋时,且自旋态为理论上的稳定态时,与不考虑自旋的结果是一样的,因为都有 $S=0$。到此似乎研究自旋自由度对 $BiCoO_3$ 性质的影响要终结了,然而事实并非如此。由于晶体中各种复杂的因素影响,Co^{3+} 离子的基态电子排布不一定与传统的理论一致,下面分别用六种交换参数进行计算,讨论三种可能的自旋态,其中低自旋态 $S=0$ 与不考虑自旋的结果一致。对应在 CASTEP 中自旋态设置高自旋态和中间自旋态的初始净磁矩分别设为 $4\ \mu_B$ 和 $2\ \mu_B$。

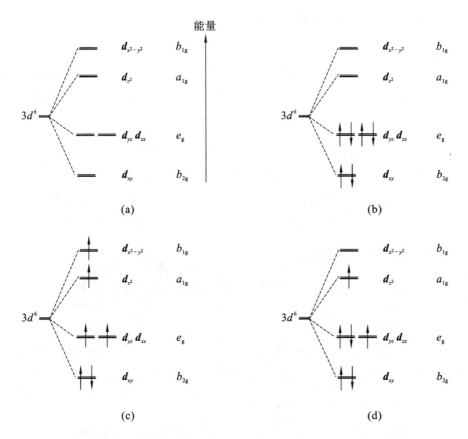

图 3-4　Co³⁺ 离子的可能电子排布，自旋态及磁矩：(a) $3d$ 轨道在方锥
体晶体场中的劈裂；(b) 低自旋态（LS）$S=0$；(c) 高自旋态（HS）总自旋
$S=2$，磁矩 $\mu_{s,z}=4\ \mu_B$；(d) 中间自旋态（IS）$S=1$，磁矩 $\mu_{s,z}=2\ \mu_B$

　　以上都是在单胞的基础上进行计算，即建立的模型与晶体的结
晶学晶胞一样，如果考虑到磁性序，以上都默认为铁磁、高自旋态和
中间自旋态对应铁磁序而低自旋态则是非磁性态。还可建立超晶胞
构建图 3-2 所示的 A/C/G 型反铁磁态进行更为详细的计算，更准确
地得出 BiCoO₃ 的性质。本节主要研究自旋自由度对 BiCoO₃ 性质的影
响，对于更深层次的磁有序在此暂不讨论，将在下一小节进行讨论。

如表 3-4 所示,将各原子坐标写成 Bi$(0,0,0)$,Co$(0.5,0.5,0.5+Z_1)$,O$_1(0.5,0.5,Z_2)$,O$_2(0.5,0,0.5+Z_3)$[13],则可以根据 Z_1、Z_2、Z_3 的值看出 BiCoO$_3$ 的结构在不同自旋态下与理想钙钛矿 ABO$_3$ 结构的接近度,当 $Z=0$ 时为理想钙钛矿八面体结构,Z 值越小越接近于八面体结构,实验中观测到 BiCoO$_3$ 的结构为方锥体金字塔形(图 3-1)。计算过程中采用了六种不同的交换关联函数,但是在前一节已经讨论了交换参数的选择性问题,故在以下结果中对六种不同交换参数计算的结果取其平均值(AVER)与实验值进行对比。为了得到更直观的结果,以下只将高自旋态的原始计算数据以表的形式列出(表 3-4)。

表 3-4　BiCoO$_3$ 在高自旋态下的计算结果与实验值的对比

	LDA	PBE	RPBE	PW91	PBESOL	WC	AVER	Exp. 300K
a(Å)	3.61245	3.75061	3.78756	3.74714	3.7079	3.70859	3.719042	3.72937
c(Å)	4.77146	4.96618	5.07628	4.95653	4.84276	4.84524	4.909742	4.72382
V(Å^3)	62.2668	69.8597	72.8223	69.595	66.5808	66.6397	67.96072	65.7
c/a	1.32084	1.324099	1.34025	1.32275	1.306065	1.306491	1.320082	1.266654
Z_1	0.06772	0.075501	0.08535	0.075403	0.066001	0.066097	0.072679	0.0669
Z_2	0.19705	0.216124	0.23355	0.215587	0.198107	0.198384	0.209802	0.2034
Z_3	0.242402	0.244227	0.254691	0.243946	0.231514	0.231987	0.242402	0.23
Co-O1	1.76863	1.78473	1.78582	1.78344	1.78162	1.78166	1.780983	1.74725
Co-O2(4)	1.98927	2.05399	2.07974	2.05137	2.0198	2.02101	2.035863	2.00717
Bi-O1(4)	2.72193	2.86104	2.9289	2.85698	2.7919	2.79299	2.825623	2.80253
Bi-O2(4)	2.18476	2.265	2.26651	2.26296	2.26444	2.26379	2.251243	2.26884

分析表 3-4 及图 3-5 中高自旋态下 Z_1、Z_2、Z_3 的平均值,与实验值相比绝对误差都在 0.1 Å 以内,这表明在高自旋态下 BiCoO$_3$ 结构与实验观测到的方锥体金字塔形结构非常吻合。但是,平均值比实验值普遍稍大,这说明与标准的钙钛矿八面体结构相比,高自旋态的畸变比实验观测值要更大。中间自旋态下 Z_1、Z_2、Z_3 的平均值与实验值相比都偏小,都在 0.4 Å 以内,说明与标准的钙钛矿八面体结构相比,中间自旋态的畸变比实验观测值要小。同理,低自旋态下 Z_1、Z_2、Z_3 的平均值与实验值相比误差最大达到 0.62 Å,是高自旋态的 3 倍,中间自旋态的 1.5 倍,而且几乎都偏小,相比较而言是三种自旋态中最接近钙钛矿八面体结构的,与实验观测到的方锥体金字塔形的结果相差最大。因为低自旋态的 $S=0$,所以低自旋态与不考虑自旋结果是一样的,也就是说自旋自由度对 BiCoO$_3$ 方锥体金字塔形结构起着关键性作用,在不考虑自旋时(即等同于低自旋态)BiCoO$_3$ 结构接近于钙钛矿八面体结构,与实验相差最大。

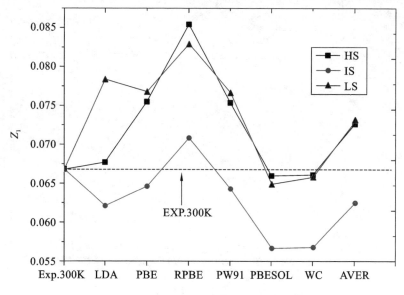

图 3-5 三种自旋态下 Z_1、Z_2、Z_3 情况

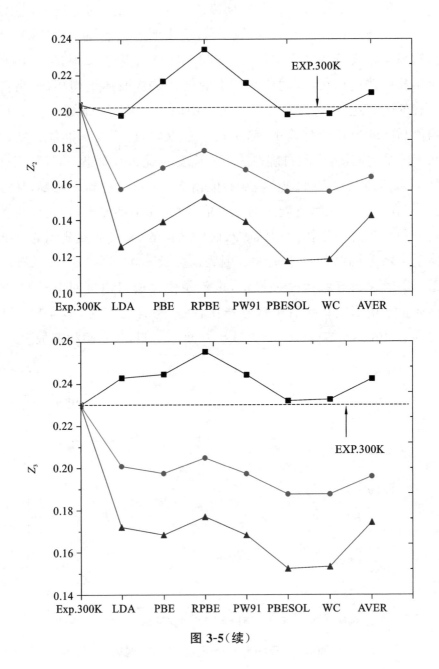

图 3-5（续）

　　如图 3-6 所示,进一步将不同自旋态下 BiCoO₃ 的四方性 c/a、体积 V 与实验数据进行比较,很明显,低自旋态与实验值偏差最大,高自旋与中间自旋态结果几乎一致,而且比较接近实验值(都略

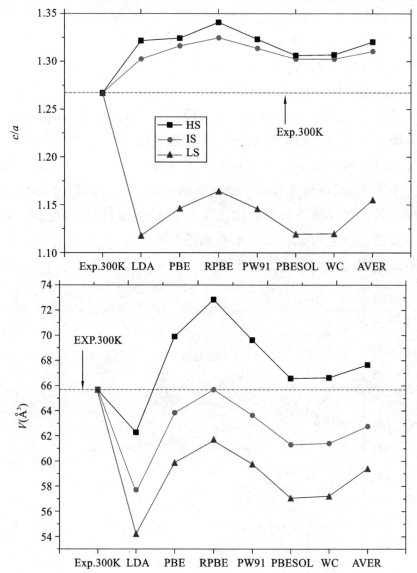

图3-6　BiCoO₃ 在三种自旋态下 c/a(四方性)及单胞体积 V 与实验值比较

微偏大）。从四方性的角度也说明自旋自由度对 BiCoO₃的四方性也有非常大的影响，但高自旋态与中间自旋态在四方性上差别不明显。尽管高自旋态与中间自旋态从四方性来看很难区分，但是高自旋态与低自旋态还有一个更显著的差别——磁矩。理论上高自旋态磁矩为 4 μ_B，中间自旋态磁矩为 2 μ_B（各自旋态的电子排布情况见图 3-4），Co^{3+} 两种自旋态的磁矩计算结果如图 3-7 所示。高自旋态 BiCoO₃磁矩的理论值为 4 μ_B，而且 O^{2-} 和 Bi^{3+} 离子为满壳层，所以磁矩几乎完全由 Co^{3+} 离子提供。高自旋态的 Co^{3+} 磁矩在不同交换参数下计算取平均值为 2.81 μ_B，与理论值 4 μ_B 相差较大。进一步计算分析所有离子的磁矩时发现满壳层的 O^{2-} 和 Bi^{3+} 离子的磁矩并不为零，而且将所有离子的磁矩求和时发现总磁矩为 3.99 μ_B，这说明各离子间的杂化相互作用使 Co^{3+} 的磁矩被分散到周围离子中。虽然在温度为 300 K 时实验测得 Co^{3+} 的磁矩为 2.93 μ_B，但是并不能说明这是 Co^{3+} 的"真实磁矩"（在不考虑各种复杂的相互作

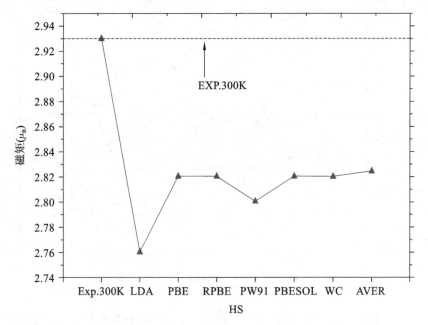

图 3-7 Co^{3+} 在高自旋态与中间自旋态下的磁矩与实验值比较

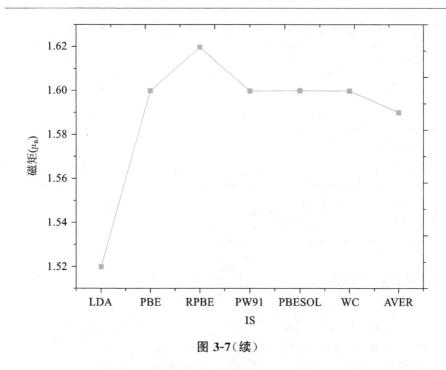

图 3-7（续）

用等因素下的理论值），因为还有可能其他所谓的满壳层离子并未达到理想的满壳层，还有一部分剩余磁矩。相对地，中间自旋态的 Co^{3+} 离子在不同交换参数下的磁矩计算结果取平均值为 $1.59\ \mu_B$，与实验测得值 $2.93\ \mu_B$ 相差很大。因此如果单从 Co^{3+} 离子的磁矩来综合分析，高自旋态下 BiCoO₃ 计算结果更接近实验真实情况。

　　对不同自旋态在不同交换参数下的基态能量进行计算，结果如表 3-5 所示。通过对 Co^{3+} 磁矩的计算表明各离子间存在着强烈的相互作用，而且对材料的结构有很大的影响。而能量对相互作用的强度的反映非常灵敏，在计算能量时局域密度近似（LDA）结果不理想，因此在计算能量时没有采用 LDA 交换参数。由于低自旋态的四方性（c/a）、方锥体金字塔结构和磁矩与实验结果差别很大，故从结构上分析低自旋态不符合实际情况。而高自旋态与中间自旋态相比能量低 27 meV，因此根据能量最低原理，高自旋态确实是 BiCoO₃ 的基态，与实验吻合[2]。

表 3-5 不同自旋态在不同交换参数下计算得到的基态能量（单位：eV）

自旋态	LS	IS	HS
PBE	−2503.381392	−2503.141009	−2503.220623
RPBE	−2505.442487	−2505.27795	−2505.508845
PW91	−2506.959989	−2506.715362	−2506.779276
PBESOL	−2494.936604	−2494.564919	−2494.437537
WC	−2499.426177	−2499.064569	−2498.955943
AVER	−2502.02933	−2501.752762	−2501.780445

3.3.2 基态电子结构

首先，对四方相 $BiCoO_3$ 四种可能的磁性结构进行几何结构优化，然后计算总能量。理论计算结果和文献报道的结果对比列于表 3-6 中。显然，C 型反铁磁态的总能量是所有磁有序态里面最低的，与其他理论计算结果相一致[3-6]。从能量越低结构越稳定的角度出发，理论计算证实了在常温常压条件下，$BiCoO_3$ 的四方铁电相的基态具有 C 型反铁磁长程序，这与中子衍射实验结果是一致的[2]。

表 3-6 四方相 $BiCoO_3$ 的不同自旋态的相对能量（单位：meV/分子式）

关联函数 自旋序	FP-LAPW LSDA[3]	FP-LAPW GGA[5]	FP-LAPW LSDA[5]	PAW[4]	USP-PW GGA	
					Expt.	Relx.
FM	0.37	0.340	0.345	0.268	0.291	0.292
A-AFM	0.46	0.215	0.205	0.120	0.229	0.249
C-AFM	0	0	0	0	0	0
G-AFM	0.03	0.073	0.039	0.028	0.031	0.023

正如图 3-1 四方 BiCoO₃ 的晶体结构模型所示，结晶学单胞包含
一个 BiCoO₃ 分子式（5 个原子），而 C 型反铁磁基态是一个 $\sqrt{2}\times\sqrt{2}\times1$
超晶胞，包含两个 BiCoO₃ 分子式（10 个原子）。BiCoO₃ 四方铁电相
的基态晶格常数、原子位置和磁矩的计算结果列于表 3-7 中。计算
结果和实验数据以及其他文献报道的理论计算结果吻合得很好。
从 Co^{3+} 离子的计算磁矩来看，相对于 $3d^6$ 电子组态的理论预测值
4 μ_B，计算结果偏小，但是和实验确定的高自旋态还是一致的。

表 3-7　常温常压条件下实验测量和理论计算的四方相
BiCoO₃ 的晶格常数、磁矩和原子位置

	实验[2]	文献[5]	文献[4]	本书
$a(\text{Å})$	3.7199	3.748	3.7304	3.7221
$c(\text{Å})$	4.7196	4.710	4.7897	4.8551
c/a	1.27	1.26	1.28	1.30
$M(\mu_B)$	3.24	3.0	3.10	3.08
Z_1	0.0664	0.0658	0.0718	0.0745
Z_2	0.2024	0.2053	0.2015	0.2019
Z_3	0.2311	0.2287	0.2194	0.2265

BiCoO₃ 的功能"结构基元"是磁性 Co^{3+} 离子与 O^{2-} 离子形成的五
配位的 CoO_5 金字塔形方锥体，可以认为它是由八面体发生较大结构
畸变造成一个配位离子远离中心离子而得到的。中子粉末散射实验
和磁性测量表明 BiCoO₃ 的 Co^{3+} 离子处于高自旋态（S＝2），基态具有
C 型反铁磁（C-AFM）长程磁序，Néel 温度为 470 K[2]。计算的 Co^{3+}
离子自旋磁矩值是 2.58 μ_B，而 O1 离子剩余磁矩是 0.50 μ_B，计算
总自旋磁矩 3.08 μ_B/(f.u.)，与实验测量值和其他理论计算结果
一致。

　　四方 $BiCoO_3$ 的 C-AFM 自旋态的能带结构和相应的态密度（DOS）以及原子投影的部分态密度（PDOS）如图 3-8 所示。能带的最大特征是自旋向上和向下的两个子带在相同能量的地方是完全相同的，互相重叠在一起，展现了 AFM 磁序所具有的特征。根据对与能带对应的总 DOS 和各原子轨道的 PDOS 分析，可以将能带与原子轨道对应起来。在费米能级（E_F）以下约 10.5 eV 处的两对独立的简并价带是 Bi 的 $6s$ 轨道。从 -7 eV 到 E_F 的价带主要来源于 O $2p$ 态和 Co $3d$ 态。E_F 以上的导带主要来源于 Co $3d$ 态，图中能量最高的导带来源于 Bi $6p$ 态。价带顶与导带底间的带隙为 0.67 eV，与实验中观察到的绝缘行为一致。原子分辨的 PDOS 显示 O $2p$-Co $3d$ 和 Bi（$6s,6p$）-O $2p$ 态间存在强烈的杂化效应。Co—O1键的杂化引起强烈的共价效应和 Co^{3+} 离子磁矩显著减小。

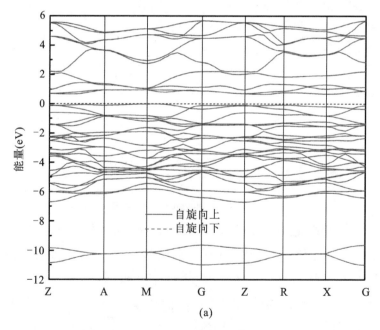

(a)

图 3-8　四方相 $BiCoO_3$ 的 C-AFM 基态的电子结构

(a)自旋极化能带结构，0 eV 处水平虚线相对应的是费米能级 E_F；

(b)总的和原子分辨 PDOS，在 0 eV 处垂直虚线对应 E_F

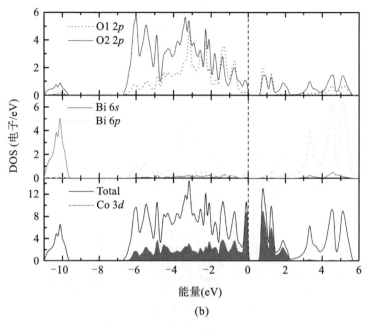

图 3-8（续）

C-AFM 态的详细电子结构特征可以通过价带顶的电子密度分布（轨道）来研究，如图 3-9 所示。Co^{3+} 离子的 $3d$ 电子完全自旋极化，并且局域于 d_{xy} 轨道。ab 面上的 d_{xy} 轨道与 O px/py 轨道间具有最大程度的交叠，形成二维 C-AFM 磁性耦合。与许多钒酸盐化合物（例如 α'-NaV_2O_5、CaV_2O_5、MgV_2O_5 和 CaV_4O_9 等）类似，Co^{3+} 离子的 $3d$ 电子占据 d_{xy} 轨道是由它所处的 CoO_5 方锥体晶体场决定的，与体系的磁序状态无关。在方锥体晶体场里，$3d$ 轨道劈裂成非简并的 $b_{2g}(d_{xy})$、二重简并的 $e_g(d_{yz},d_{xz})$，以及非简并的 $a_{1g}(d_{z^2})$ 和 $b_{1g}(d_{x^2-y^2})$ 能级。d_{xy} 轨道的能量最低，在晶体场作用下与其他 $3d$ 轨道劈裂开。另外，原子内的交换劈裂（Hund 规则耦合）使未占据的空态相对于占据态向更高能量漂移，所以价带顶和导带底都是由 Co^{3+} 离子的 $3d$ 电子的 d_{xy} 轨道构成的。

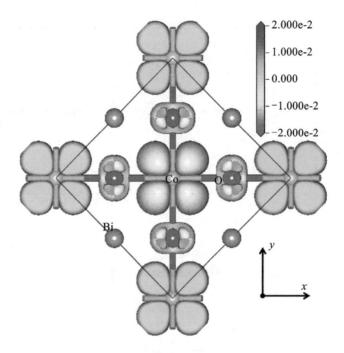

图 3-9　C-AFM 态的价带顶的电子密度分布(轨道)图

3.4　压力诱导的物性变化

3.4.1　静水压力诱导的结构、电子和磁性相变

理论计算证实了 BiCoO₃ 四方铁电相的常温常压基态具有 C-AFM 长程自旋序。采用理想立方顺电相的平衡态原胞和四方铁电相的磁性超胞进一步进行压力下的模拟计算。对四方 BiCoO₃ 计算过程中考虑 Co^{3+} 离子的两种可能电子构型,低自旋($b_{2g}^2 e_g^4 a_{1g}^0 b_{1g}^0$,$S=0$)态和高自旋($b_{2g}^2 e_g^2 a_{1g}^1 b_{1g}^1$,$S=2$)态。自旋极化的密度泛函理论计算通过人为指定四方相 BiCoO₃ 的 Co^{3+} 的低自旋态和高自旋态的未成对电子的数目分别为 0 和 4。这种方法允许磁矩浮动,通过

能量最小化获得基态。Ravindran 等人[4]采用一种所谓的固定自旋磁矩方法（fixed spin-moment method）来研究能量随磁矩的变化，磁矩 M 作为一个外部参数。

　　通过电子结构计算，发现立方顺电相的 Co^{3+} 表现出低自旋非磁性特征。如图 3-10（a）所示，立方顺电相的总能量总比四方铁电相的高，这表明四方铁电相至立方顺电相的结构相变不会发生。但是，四方铁电相的高自旋态的总能量 $E(v)$ 曲线呈现不连续的特点，意味着存在一个相变。高自旋态与低自旋态的总能量 $E(v)$ 曲线重合，说明在压力作用下，发生了高自旋态向低自旋态转变的自旋渡越（spin crossover）。

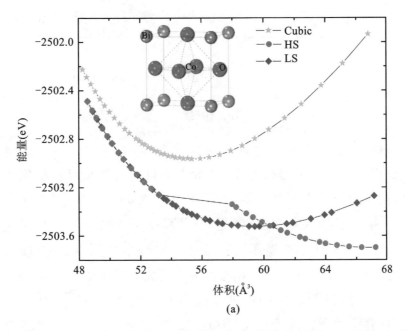

图 3-10　（a）立方顺电相与四方铁电相的能量曲线图；（b）压力上升至 30 GPa 的过程中，四方铁电相相对于立方顺电相的焓差 ΔH 随压力变化的曲线图，水平虚线 0 eV 对应于立方顺电相的参考线

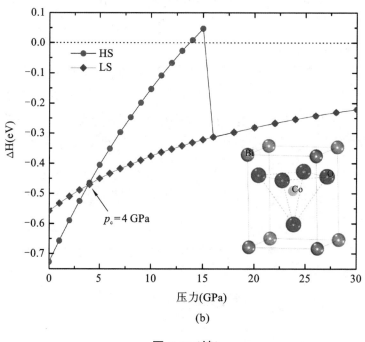

图 3-10（续）

一般来说，可以通过计算不同相的 $E(v)$ 曲线的公切线的斜率推导出相变压力。但是实际上，实验中的自由参数是对样品施加的压力，相应的热力学函数是焓：$H(p)=E[V(p)]+pV(p)$。这样计算 ΔH（相对于某一参考相）就更方便，两条曲线的交点就是相变压力。在 30 GPa 内 ΔH 随压力（P）变化的函数如图 3-10（b）所示。高自旋态的熵在 15 GPa 处出现了一个反常；压力大于 15 GPa 时，高自旋态和低自旋态的熵的曲线重合在一起了[10,14-16]。而 4 GPa 时，高自旋态和低自旋态的焓-压曲线已经交叉，说明自旋渡越的相变压力点是 4 GPa。另外，立方顺电相的焓一直高于四方相低自旋态的焓，说明四方铁电相至立方顺电相的结构相变不会发生，四方相低自旋态在 30 GPa 之内一直稳定存在。

图 3-11 显示了 $BiCoO_3$ 的四方相的结构参数随压力变化的情

况。所有的结构参数在 15 GPa 时发生了急剧变化。单胞体积突
然减小，伴随约 7% 的体积坍塌（$\Delta V/V_0$ 大约为 7%，其中 V_0 是常温
常压下的 BiCoO₃ 四方相的平衡体积）。不连续的体积收缩伴随着
晶胞参数的突变，a 轴明显膨胀，而 c 轴明显收缩。轴向比 c/a 从
1.22 变成 1.05。高自旋态与低自旋态的结构参数在压力高于
15 GPa 时重叠在一起，说明高自旋态结构变成了低自旋态结构。
如图3-10(b)所示，四方相 BiCoO₃的高自旋态至低自旋态的相变压
力点为4 GPa，相应的体积压缩约 4.87%。结构参数同时发生显著
变化说明相变具有一级相变的特征。

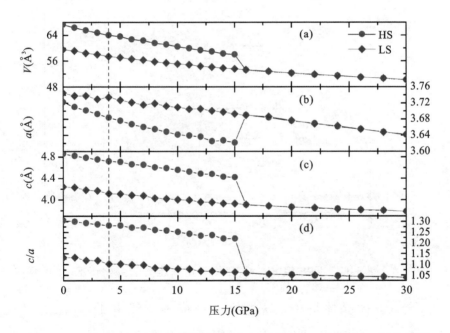

图 3-11　四方相 BiCoO₃高自旋态与低自旋态的(a)体积；(b)晶格常数
a；(c)晶格常数 c；(d)轴向比值 c/a 随压力变化情况。要注意的是高自
旋态在4 GPa 以内稳定存在，而低自旋态稳定在 4 GPa 以上，垂直虚线
标记计算的相变压力

图 3-12 给出了磁矩随压力变化的情况。从图中可以看出,四方相 BiCoO$_3$ 的高自旋态的磁矩在 4 GPa 时坍塌,对应于高自旋态至非磁性低自旋态的自旋渡越。尽管四方相 BiCoO$_3$ 的结构参数在 4 GPa 时发生了显著的变化,但是 BiCoO$_3$ 的对称性在发生自旋渡越以后并没有改变。因此,四方相 BiCoO$_3$ 在 4 GPa 时发生的相变应该为一级同对称性相变(first-order isosymmetric phase transition)。

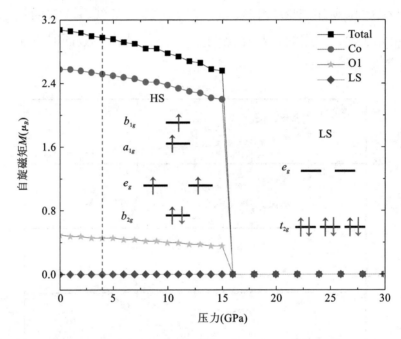

图 3-12　四方相 BiCoO$_3$ 自旋磁矩随压力的变化情况

在八面体晶体场中,$3d$ 能级劈裂成三重简并的 t_{2g}(d_{xy},d_{yz},d_{zx})和二重简并的 e_g(d_{z^2},$d_{x^2-y^2}$)能级。在方锥体晶体场里,$3d$ 轨道进一步劈裂成非简并的 b_{2g}(d_{xy})、二重简并的 e_g(d_{yz},d_{zx}),以及非简并的 a_{1g}(d_{z^2})和 b_{1g}($d_{x^2-y^2}$)能级[4]。由于晶体场劈裂、Coulomb 关联效应和 Hund 规则交换作用之间的竞争,八面体和方锥体晶体场中的 Co^{3+} 离子可以表现出三种可能的自旋构型,即低自旋态、中间自旋态和高自旋态。通常,晶体场劈裂喜欢低自旋态,而原子内的交换耦合喜欢高自旋态,两者的竞争导致自旋态相变。晶体场劈裂在压力作用下急剧增加。因此,当晶体场劈裂能超过Hund规则交换能,就发生高自旋态向低自旋态的自旋渡越。前文的计算结果表明,自旋渡越相变伴随着晶格参数的显著变化,轴向比 c/a 在 4 GPa 时从 1.28 变成 1.1,导致 Co^{3+} 离子的配位多面体环境也发生了显著变化。如图 3-13 所示,Co^{3+} 离子的配位多面体从 CoO_5 金字塔变成了 CoO_6 八面体。

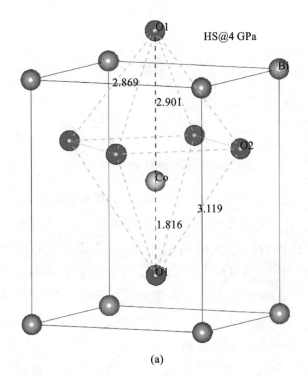

(a)

图 3-13　BiCoO₃ 的 Co^{3+} 离子的配位多面体的变化

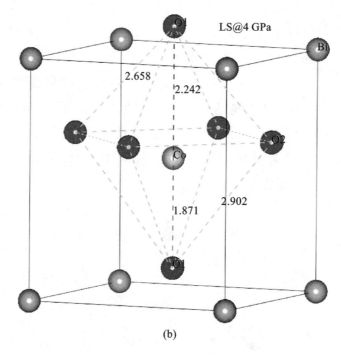

图 3-13（续）

　　图 3-14 展示了在 4 GPa 下 $BiCoO_3$ 四方相的能带结构和相应的电子态密度。能带结构的一个突出特点是自旋向上和自旋向下的子带相互交叠,符合 $BiCoO_3$ 四方相高自旋态的反铁磁序和低自旋态的非磁性特征。高自旋态的能带结构的本质特征与常温常压下的是相同的,但是在压力作用下带宽增大,绝缘带隙减小到 0.57 eV。低自旋态的能带结构表现出半金属性(semimetallicity)这一典型特征。半金属(Semi-metal)是指价带和导带只在 k 空间的某些方向发生交叠而在其他方向不交叠的材料;表现在二维能带结构上就是价带和导带之间存在清晰的能隙,但有部分导带底位于 E_F 的下方;Semi-metal 的载流子浓度要比普通金属小几个数量级,宏观输运性质介于典型的金属与半导体之间,石墨、As、Sb 及 Bi 是典型代表。

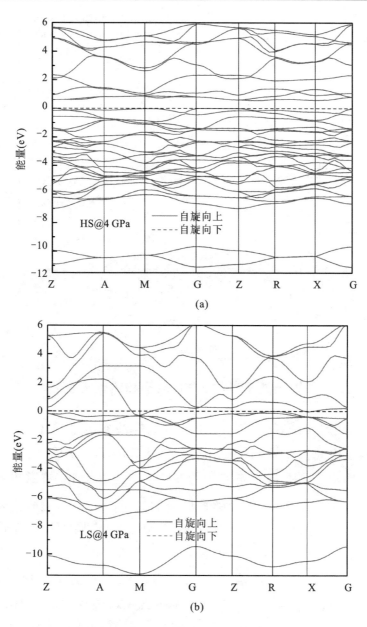

图 3-14 四方相 **BiCoO₃** 在 **4 GPa** 时高自旋态和低自旋态的电子结构：(a)高自旋态能带结构，(b)低自旋态能带结构及(c)低自旋态的总 **DOS** 和原子分辨 **PDOS**

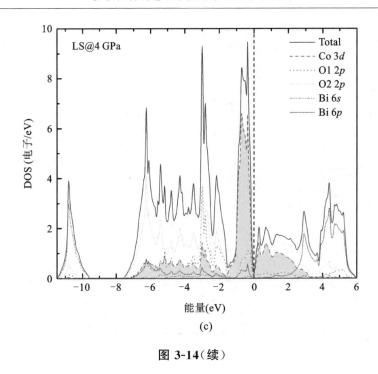

图 3-14（续）

3.4.2　单轴压力诱导的结构、电子和磁性相变

　　多铁性材料 $BiCoO_3$ 在静水压力下的性质已经被 DFT 理论计算和实验研究。Ravindran 等研究者报道在压力诱导下,该材料产生从高自旋态到低自旋态的相变,从四方铁电相向立方顺电相的结构相变。同时,该材料从绝缘体向金属转变[4]。上一节的理论计算表明,$BiCoO_3$ 由压力引起的结构转变是等结构相变,与此同时 $BiCoO_3$ 由绝缘体向半金属转变[6]。然而,同步辐射 X 射线和中子粉末衍射实验揭示上述四方 $BiCoO_3$ 在室温下 3 GPa 压力作用下发生极性 $PbTiO_3$ 型向 $GdFeO_3$ 型结构转变[17],该一级相变伴随着电阻率的减小和自旋态变化。但结构分析和 X 射线发射光谱却给出了有争议的中间自旋态和低自旋态两种结论。基于实验测定的高压相的晶体结构数据,电子结构计算证明在高压下的 Co^{3+} 离子处

于低自旋态,材料呈现半导体性[18]。然而,在最近的基于 GGA+U 方法的电子结构计算却认为高压相 BiCoO₃ 是一种混合的高自旋态和低自旋态[19]。

以往的大多数研究主要集中在静水压力对四方 BiCoO₃ 的影响方面,从未施加单轴压力或应力到 BiCoO₃ 上来研究它的晶体结构、电子结构、自旋态或极化特性。本小节借助第一性原理理论计算,探讨单轴压力(沿 c 轴方向)对四方 BiCoO₃ 性质的影响,希望吸引进一步的实验工作来验证第一性原理理论计算对这个充满希望的多铁性材料所预测的结构相变、自旋渡越、电子结构的变化。根据以往的理论计算和实验中所观察到的二维 AFM 特性,采用 C 型 AFM 的磁胞模拟单轴压力条件下四方 BiCoO₃,即包含两个 BiCoO₃ 结构单元的一个十原子 $\sqrt{2} \times \sqrt{2} \times 1$ 的超晶胞。计算沿 c 轴方向的单轴压力,应用 [001] 方向的压力进行几何优化,采用 BFGS 优化算法优化原子内部的坐标和晶格参数[20,21]。为实现单轴压力从头模拟施加的压力值,所有的结构弛豫从无对称性的晶体结构模型(对应于 P_1 空间群)开始,使原子充分弛豫,使化合物可以找到能量最低的状态。

图 3-15 显示了四方 BiCoO₃ 在单轴压力下结构参数的演变。在单轴压力低于 8 GPa 范围内,晶格参数 a 缓慢增加,晶格参数 c 缓慢减小。c 轴随压力的变化远大于 a 轴的变化,在单轴压力条件下表现出显著的各向异性压缩性。从 8 GPa 到 9 GPa 所有结构参数急剧变化。晶胞体积明显减小,从 8 GPa 上升到 9 GPa 时体积坍塌约 9.5%,伴随着 a 轴和 c 轴的突然收缩。a 轴从 3.845 缩小到 3.821 Å,c 轴急剧收缩,从 4.235 Å 坍塌到 3.882 Å。四方 BiCoO₃ 的压缩行为是高度各向异性的,其中 c 轴是软方向,其组成层状钙钛矿型晶体结构。此外,四方性(轴向比 c/a)突然从约 1.1 变化到 1.01。晶格参数的不连续变化表明相变是一级相变。虽然 BiCoO₃ 的结构参数在 9 GPa 时显示出明显的变化,但对称性并没有改变。因此,9 GPa 的结构相变是一级同对称性(isosymmetric)相变。

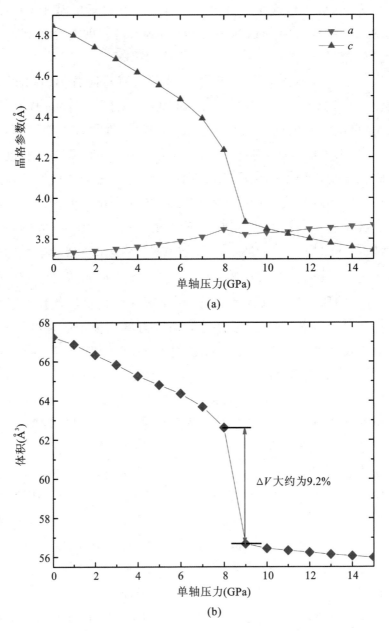

图 3-15 沿 c 轴单轴压力压缩下的四方 BiCoO$_3$ 的晶胞结构参数的变化情况：(a)晶格常数 a 和 c；(b)体积 V；(c)轴向比 c/a

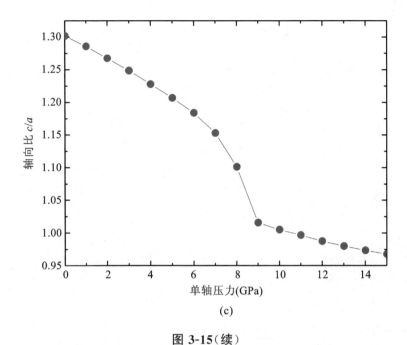

图 3-15（续）

计算结构参数表明，Co—O1 键长度从 1.800 Å 急剧增大到 1.862 Å（增加约 3%），Co—O2 键长度从 1.991 Å 缩小到 1.930 Å（减小约 3%）。a 轴从 3.845 Å 变为 3.821 Å，而 c 轴从 4.235 Å 突然收缩到 3.882 Å（收缩率为 8.3%）。O1 位置（Z_1）的原子内部参数从 0.150 变为 0.094，O2 位置（Z_2）从 0.198 变为 0.145。顶端 O 离子（O1）离开 CoO₅ 金字塔中的 Co³⁺ 离子并朝向晶格面移动，并且赤道上的 O 离子（O2）向更接近晶体原始晶胞的面中心移动。如图 3-16 所示，单轴压力导致 Co³⁺ 离子的配位环境从 CoO₅ 方锥金字塔转变为结构畸变的 CoO₆ 八面体。

Co³⁺ 离子的自旋态是一个相互矛盾的主题并引起了激烈的争论，特别是在方锥体 CoO₅ 金字塔配位中[12]。在低温和环境压力条件下，人们普遍认为 Co³⁺ 离子在八面体 CoO₆ 配位环境中采用低自旋态，在方锥体 CoO₅ 配位中采用中间自旋态[22]。为了确定体积坍

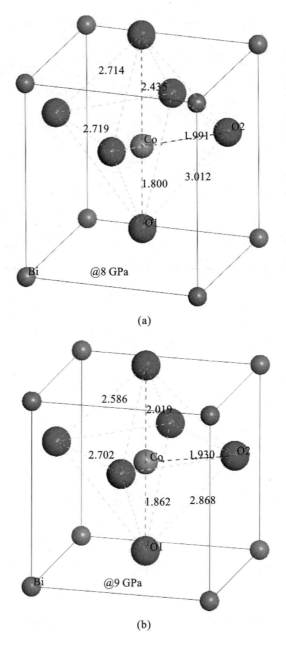

图 3-16　四方的 $BiCoO_3$ 中的 Co^{3+} 离子的配位环境的改变：(a) CoO_5 金字塔变成 (b) 畸形的 CoO_6 八面体

塌和晶格参数的不连续性是否与静水压力条件下所示的自旋态变化有关[4,19]，计算了四方 BiCoO₃ 的磁矩随单轴压力的变化情况。在环境压力条件下，计算的 Co^{3+} 离子磁矩为 2.58 μ_B。同时，CoO_5 金字塔中的顶端 O 离子(O1)的残余磁矩为 0.50 μ_B。在环境压力条件下计算的总自旋力矩为 3.08 μ_B，与现有的实验值 3.24 μ_B 和之前的理论计算结果非常吻合[2-6,17-19]。Co —— O 和 Bi —— O 键的强杂化导致与 Co^{3+}($3d^6$)离子的高自旋电子构型的预期值 4 μ_B 相比，磁矩大幅度减小。但是实验测定环境条件下 Co^{3+} 离子的高自旋电子构型已被成功复制[2]。

    BiCoO₃ 中 Co^{3+} 离子的磁矩在单轴压力作用下的变化情况如图 3-17 所示。低于 8 GPa 时可以证实方锥体 CoO_5 配位中 Co^{3+} 离子($S=2$)具有高自旋电子结构。然而，磁矩在 9 GPa 处突然转变为零，这表明 Co^{3+} 离子的自旋态在高于 8 GPa 时转变为非磁性低自旋态($S=0$)[2-6,17-19]。因此，在发生结构相变时四方 BiCoO₃ 中

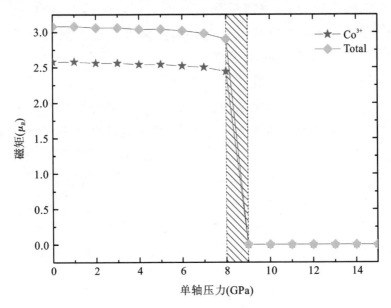

图 3-17 沿 c 轴单轴压力作用下四方 BiCoO₃ 磁矩变化

Co^{3+} 离子从高自旋态向低自旋态转变。随着单轴压力的增加,磁矩坍塌和体积坍塌发生,而晶体结构对称性在压缩下并没有变化。

含钴过渡金属化合物由于 Co^{3+} 离子的自旋自由度,在过去十多年引起了研究者广泛的兴趣。由于晶体场效应、库仑关联效应和原子内的交换相互作用之间的竞争,Co^{3+} 离子中出现了三种可能的自旋态。虽然这些相关的能量尺度对 Co^{3+} 离子的自旋态很重要,但只有晶体场劈裂对压力或应力非常敏感。先前的中子衍射实验和第一性原理 DFT 计算确定了在环境条件下四方 $BiCoO_3$ 中晶体场的高自旋态[2-6,17-19]。已经有文献报道晶体场劈裂与原子内交换耦合之间的竞争可以诱导自旋态转变。原子内交换耦合有利于高自旋态,使体系具有最大自旋多重性,而晶体场劈裂有利于低自旋态,其中电子占据低能轨道仅以增加交换能量为代价。晶体场劈裂在压力作用下急剧增强。因此,当晶体场劈裂超过 Hund 规则的交换能量时,系统转换为低自旋态[23,24]。晶体场劈裂的增强和配位环境的转变导致 Co^{3+} 离子从高自旋态到低自旋态的自旋渡越。$3d$ 电子成对补偿,导致轨道和自旋自由度在非磁性低自旋态下冻结($S=0$)。低自旋态的离子半径小于高自旋态的离子半径,这很可能是导致体积随着自旋态转变而崩塌的原因。

密度泛函理论成为化学、材料和凝聚态物理学大多数分支中最受欢迎和最有用的计算方法[25-27]。DFT 计算的普及源于合理的精度、较低的计算成本和较高计算效率之间的良好平衡[28]。然而,众所周知,局域自旋密度近似(LSDA)和 GGA 强烈低估了电子带隙,当绝缘体被视为金属时,问题就变得特别严重。虽然已通过第一性原理成功计算出 $BiCoO_3$ 的绝缘基态,但计算出的带隙值约为 0.6 eV、0.67 eV、0.6～0.73 eV、0.9 eV、1.1 eV、0.395 eV 和 0.72 eV,远小于实验值 1.7 eV。计算的带隙和实验结果之间有差异,可能是因为 LSDA 和 GGA 方法低估了带隙以及四方 $BiCoO_3$ 中磁结构不同。使用所谓的 LSDA+U 方法,理论计算预测四方相

C-AFM 绝缘基态的带隙为 2.11 eV($U=6$ eV),而采用 GGA$+U$ 交换关联函数的 DFT 计算获得 1.98 eV($U=6$ eV)、1.70 eV($U=3$ eV)和 1.92 eV($U=6$ eV)的带隙,采用修改过的 Becke-Johnson(mBJ)交换关联函数计算出的带隙值增加到 2.49 eV。Sudayama 等人在具有 8 个 Co 位点的多带 d-p 模型上进行无约束的 Hartree-Fock 计算,证明 C-AFM 结构最稳定,高估了 3.31 eV 的带隙。采用 DFT 方法时,强关联电子体系产生了令人不满意的带隙,主要是由于对库仑关联作用处理不当。为解决带隙问题,人们提出了许多实用的解决方案,包括 DFT$+U$、杂化泛函和自相互作用校正(SIC)方案,但它们都尚未成为处理这类体系的普适性的通用工具[29-32]。

到目前为止,很少有学者用杂化泛函研究处理铁电氧化物(多铁性材料甚至更少),为此尝试使用 CASTEP 软件中的 B3LYP[33,34] 杂化泛函计算 BiCoO₃ 的电子结构。杂化泛函是非局域交换关联泛函,与 LDA 或 GGA 计算相比,旨在改进对绝缘体和半导体中带隙的描述。然而,在 CASTEP 软件中不能使用非局域交换关联函数进行压力模拟和单胞结构优化,并且仅适用于模守恒赝势。因此,采用 PBE 近似优化结构,并保持优化后的结构固定用于后续的杂化泛函计算[31]。此外,标准 DFT 计算与局域交换关联泛函和非局域交换关联泛函之间存在很大差异。后一种情况中使用的势函数取决于 SCF k 点的波函数,而前一种情况下势函数仅取决于电子密度。这种差异可能在计算过程中对内存需求和 CPU 时间要求更高。因此,对于杂化泛函计算,我们使用 610 eV 的平面波能量截止值和 0.07 Å^{-1} 的 k 点间距。Bi $5d^{10}6s^2$、Co $3d^7 4s^2$ 和 O $2s^2 2p^4$ 被视为价电子,它们的芯区域和价电子之间的相互作用由模守恒赝势描述[35]。

四方 BiCoO₃ 的基态(C-AFM)的绝缘带隙为 0.656 eV(GGA-PBE)和 2.478 eV(B3LYP)。杂化泛函确实改善了电子带隙,与现有的实验数据吻合得更好，与 mBJ 交换势的计算带隙值 2.49 eV 吻合[30]。杂化泛函的精确交换纠正了占据态的自相互作用[29]，造成填满的价带向下移动，而空置的导带向上移动，最终使得带隙变大[32]。由于众所周知的带宽扩展，在 8 GPa 的单轴压缩下，GGA-PBE 和 B3LYP 计算带隙减小到 0.343 eV 和 1.133 eV。在环境压力条件（0 GPa）、8 GPa（相变前）和 9 GPa（相变后）的四方 $BiCoO_3$ 的能带结构如图 3-18 所示，其中费米能级（E_F）设定为 0 eV。能带结构的突出特征是自旋向上和向下的子带彼此重叠，显示 $BiCoO_3$ 高自旋态的 AFM 序和低自旋态的非磁性特性。在 GGA-PBE 近似下，在 9 GPa 下低自旋相的能带结构显示出非磁性金属的突出特征。然而，B3LYP 计算结果显示具有 1.530 eV 带隙的绝缘能带结构。这些有争议的结果让我们想起了 $BiCoO_3$ 在静水压力作用下的情况。第一性原理 DFT 计算报道了 $BiCoO_3$ 中压力诱导的自旋态转变、四方结构相变，以及伴随着绝缘体到金属的转变[4]。上一节的 DFT 电子结构计算与 PBE 近似，表明在高压下 $BiCoO_3$ 中体积坍塌和自旋态转变伴随着绝缘体向半金属转变[6]。但随后的实验结果推翻了通过 DFT 计算预测的 $BiCoO_3$ 金属化的结论。$BiCoO_3$ 在高压下仍然表现出半导体行为[17]。值得注意的是，在另一种多铁性材料 $PbVO_3$（与四方 $BiCoO_3$ 结构相同）中，在室温下从约 2 GPa 发生四方到立方结构相变。虽然相变伴随着电阻率显著下降约 5 个数量级，但立方高压相的电阻率在介于 2～300 K 之间直至 11.3 GPa 表现出半导体行为[36]。因此 B3LYP 计算结果更值得相信，$BiCoO_3$ 单轴压力下是非磁性绝缘体。然而，我们应该意识到自旋态渡越（自旋态转变）化合物中不同自旋态的能量可以显著地依赖于所选择的泛函类型，特别是在杂化泛函中精确交换的参数选择[37]。因此，在单轴压力或应力下的热容量和电阻率测量对于探索高压相 $BiCoO_3$ 的确切性质将是非常宝贵的。

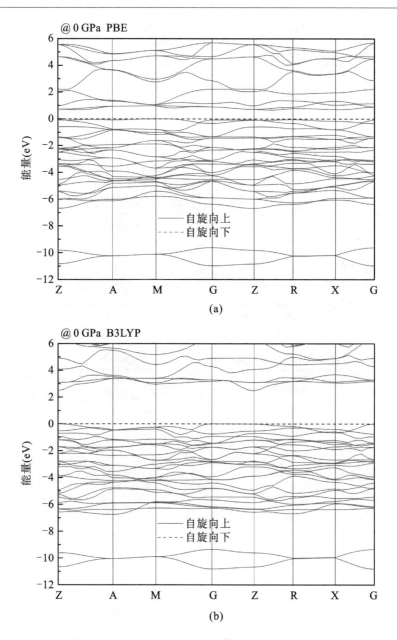

图 3-18　由 GGA-PBE 和 B3LYP 计算的四方 BiCoO₃ 的基态和相变前后能带结构：(a)和(b)在 0 GPa，(c)和(d)在 8 GPa（相变前），(e)和(f)在 9 GPa（相变后）

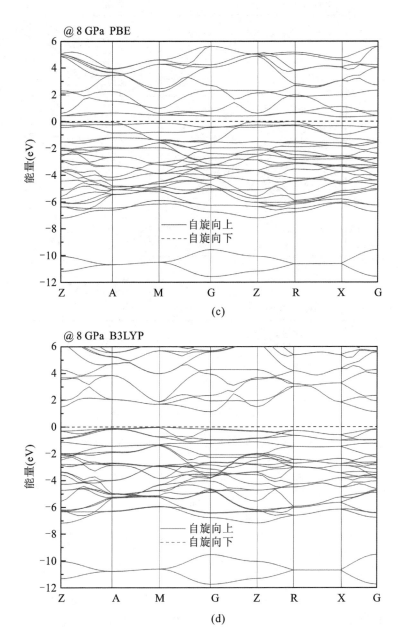

图 3-18（续）

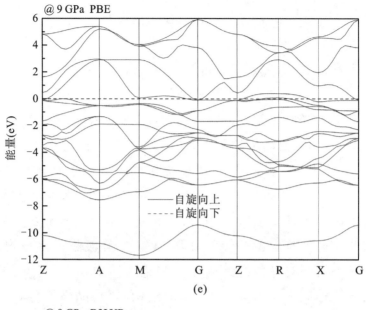

(e)

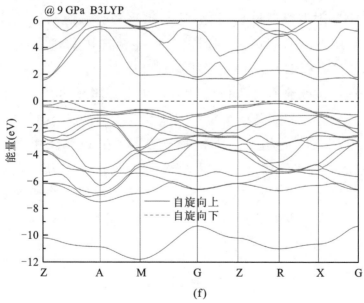

(f)

图 3-18（续）

3.5 本章小结

在本章里面,通过基于密度泛函理论的第一性原理计算研究四方相 $BiCoO_3$ 的自旋态、静水压和单轴压力作用下的结构稳定性、磁性质和电子结构的变化。计算结果显示,四方铁电相的基态具有 C 型 AFM 长程序,表现出绝缘性,Co^{3+} 离子处于高自旋态。在各向同性压力(静水压)作用下,体积压缩到约 25%,对应于 30 GPa 的压力值,没有四方相到立方相和铁电到顺电的相变发生。在静水压压力为 4 GPa,体积压缩大约 4.87% 条件下,Co^{3+} 离子发生从高自旋态向非磁性低自旋态的转变,即发生了自旋渡越和磁矩坍塌,同时伴随着一级同对称性的结构相变和绝缘体向半金属体的电子相变。而在单轴压力作用下,$BiCoO_3$ 的结构参数、晶格体积和原子位移在 9 GPa 附近突然发生变化,这与磁矩和自旋态的剧烈变化有关。单轴压力在 $BiCoO_3$ 中同时诱导晶体结构转变和 Co^{3+} 离子的自旋态转变。PBE 计算预测绝缘体到金属的转变,而 B3LYP 杂化泛函计算结果推翻了 $BiCoO_3$ 在单轴压力下金属化的结论。理论计算工作需要进一步的高压实验研究以及其他理论研究,以进一步阐明高压相 $BiCoO_3$ 的相变性质和电子结构。在 $BiCoO_3$ 中同时存在结构、自旋态和绝缘体向半金属的转变,表明晶格、自旋和电荷自由度间存在强烈的耦合作用。希望本书的预测将进一步激发其他学者在实验和理论方面的兴趣,以研究多铁性材料在单轴压力或应力下的铁电性、磁性和其他基础物理。

参 考 文 献

[1] SCHMID H. Introduction to the proceedings of the 2nd international conference on magnetoelectric interaction phenomena in crystals,

MEIPIC-2[J]. Ferroelectrics,1994,161(1):1-28.

[2] BELIK A A, LIKUBO S, KODAMA K, et al. Neutron powder diffraction study on the crystal and magnetic structures of $BiCoO_3$[J]. Chemistry of Materials,2006,18(3):798-803.

[3] URATANI Y, SHISHIDOU T, ISHII F, et al. First-principles predictions of giant electric polarization[J]. Japanese Journal of Applied Physics,2005,44(9S):7130.

[4] RAVINDRAN P, VIDYA R, ERIKSSON O, et al. Magnetic-Instability-Induced Giant Magnetoelectric Coupling[J]. Advanced Materials,2008, 20(7):1353-1356.

[5] CAI M Q, LIU J C, YANG G W, et al. First-principles study of structural, electronic, and multiferroic properties in $BiCoO_3$ [J]. The Journal of Chemical Physics,2007,126(15):154708.

[6] MING X, MENG X, HU F, et al. Pressure-induced magnetic moment collapse and insulator-to-semimetal transition in $BiCoO_3$[J]. Journal of Physics:Condensed Matter,2009,21(29):295902.

[7] TANOKURA Y, MORITA T, ISHIMA S, et al. Spin-gap mode in the charge-ordered phase of NaV_2O_5 studied by Raman scattering under high pressures[J]. Physical Review B,2010,81(5):054407.

[8] SPITALER J, AMBROSCH-DRAXL C, SHERMAN E Y. Lattice vibrations in CaV_2O_5 and their manifestations: A theoretical study based on density functional theory[J]. New Journal of Physics,2009,11 (11):113009.

[9] SPITALER J, SHERMAN E Y, AMBROSCH-DRAXL C. First-principles study of phonons, optical properties, and Raman spectra in MgV_2O_5[J]. Physical Review B,2008,78(6):064304.

[10] YOO C S, MADDOS B, KLEPEIS J H P, et al. First-order isostructural Mott transition in highly compressed MnO[J]. Physical Review Letters,2005,94(11):115502.

[11] MAIGNAN A, CAIGNAERT V, RAVEAU B, et al. Thermoelectric power of $HoBaCo_2O_{5.5}$: Possible evidence of the spin blockade in cobaltites[J]. Physical Review Letters, 2004, 93(2): 026401.

[12] HU Z, WU H, HAVERKORT M W, et al. Different look at the spin state of Co^{3+} ions in a CoO_5 pyramidal coordination[J]. Physical Review Letters, 2004, 92(20): 207402.

[13] MING X, YIN J W, WANG X L, et al. First-principles comparative study of multiferroic compound $PbVO_3$[J]. Solid State Sciences, 2010, 12(5): 938-945.

[14] GANESH P, COHEN R E. Pressure induced phase transitions in $PbTiO_3$[J]. Journal of Physics: Condensed Matter, 2009, 21(6): 064225.

[15] KORNEV I A, BELLAICHE L, BOUVIERP, et al. Ferroelectricity of perovskites under pressure[J]. Physical Review Letters, 2005, 95(19): 196804.

[16] GONZÁLEZ-VÁZQUEZ O E, ÍNIGUEZJ. Pressure-induced structural, electronic, and magnetic effects in $BiFeO_3$[J]. Physical Review B, 2009, 79(6): 064102.

[17] OKA K, AZUMA M, CHEN W, et al. Pressure-induced spin-state transition in $BiCoO_3$[J]. Journal of the American Chemical Society, 2010, 132(27): 9438-9443.

[18] KANUNGO S, SAHA-DASGUPTA T. Pressure-driven changes in electronic structure of $BiCoO_3$[J]. Physical Review B, 2011, 83(10): 104104.

[19] JIA T, WU H, ZHANG G, et al. Ab initio study of the giant ferroelectric distortion and pressure-induced spin-state transition in $BiCoO_3$[J]. Physical Review B, 2011, 83(17): 174433.

[20] PERDEW J P, BURKE K, ERNZERHOF M. Generalized gradient approximation made simple[J]. Physical Review Letters, 1996, 77(18):

3865.

[21] PFROMMER B G, CÔTÉ M, LOUIE S G, et al. Relaxation of crystals with the quasi-Newton method[J]. Journal of Computational Physics, 1997,131(1):233-240.

[22] TASKIN A A, LAVROV A N, ANDO Y. Ising-like spin anisotropy and competing antiferromagnetic-ferromagnetic orders in GdBaCo₂-O₅.₅ single crystals[J]. Physical Review Letters,2003,90(22):227201.

[23] KAWAKAMI T, TSUJIMOTO Y, KAGEYAMA H, et al. Spin transition in a four-coordinate iron oxide[J]. Nature Chemistry,2009,1(5):371.

[24] KUNEŠ J, LUKOYANOV A V, ANISIMOV V I, et al. Collapse of magnetic moment drives the Mott transition in MnO [J]. Nature Materials,2008,7(3):198.

[25] KRYACHKO E S, LUDENA E V. Density functional theory: Foundations reviewed[J]. Physics Reports,2014,544(2):123-239.

[26] BURKE K. Perspective on density functional theory[J]. The Journal of Chemical Physics,2012,136(15):150901.

[27] RADOŃ M. Revisiting the role of exact exchange in DFT spin-state energetics of transition metal complexes [J]. Physical Chemistry Chemical Physics,2014,16(28):14479-14488.

[28] GRUDEN-PAVLOVIĆ M, STEPANOVIĆ S, PERIĆ M, et al. A density functional study of the spin state energetics of polypyrazolylborato complexes of first-row transition metals [J]. Physical Chemistry Chemical Physics,2014,16(28):14514-14522.

[29] MILOŠEVIĆ A S, LALIĆ M V, POPOVIĆ Z S, et al. An ab initio study of electronic structure and optical properties of multiferroic perovskites PbVO₃ and BiCoO₃ [J]. Optical Materials,2013,35(10):1765-1771.

[30] MCLEOD J A, PCHELKINA Z V, FINKELSTEIN L D, et al.

Electronic structure of $BiMO_3$ multiferroics and related oxides[J]. Physical Review B,2010,81(14):144103.

[31] JAIN M,CHELIKOWSKY J R,LOUIE S G. Reliability of hybrid functionals in predicting band gaps[J]. Physical Review Letters,2011, 107(21):216806.

[32] STROPPA A, PICOZZI S. Hybrid functional study of proper and improper multiferroics[J]. Physical Chemistry Chemical Physics,2010, 12(20):5405-5416.

[33] PERDEW J P,ERNZERHOF M,Burke K. Rationale for mixing exact exchange with density functional approximations[J]. The Journal of Chemical Physics,1996,105(22):9982-9985.

[34] ADAMO C,BARONE V. Toward reliable density functional methods without adjustable parameters: The PBE0 model[J]. The Journal of Chemical Physics,1999,110(13):6158-6170.

[35] HAMANN D R, SCHLÜTER M, Chiang C. Norm-conserving pseudopotentials[J]. Physical Review Letters,1979,43(20):1494.

[36] BELIK A A, YAMAUCHI T, UEDA H, et al. Absence of metallic conductivity in tetragonal and cubic $PbVO_3$ at high pressure[J]. Journal of the Physical Society of Japan,2014,83(7):074711.

[37] CRAMER C J, TRUHLAR D G. Density functional theory for transition metals and transition metal chemistry [J]. Physical Chemistry Chemical Physics,2009,11(46):10757-10816.

多铁性材料 PbVO₃ 的电子结构与高压相变研究

4.1　研究背景

多铁性材料在多态记忆与数据存储、传感器、高电容和大电感一体化的电子元器件等领域具有广阔的应用前景[1,2],实验研究人员致力于制备具有多铁性质的新材料和在现有材料中探寻多铁性[3,4]。对多铁性材料研究的复苏促进了制备高质量单晶技术的发展,促进了薄膜生长技术的进步,促进了理论与实验工作的合作。科学家在寻找多铁新材料的过程中,通过高温高压技术合成了两种新的多铁化合物——PbVO₃ 和 BiCoO₃[5-8]。它们与传统铁电材料 PbTiO₃ 具有相同的简单钙钛矿结构(空间群 P_{4mm})。由于具有非常大的四方畸变,这两种多铁化合物的磁性离子 V^{4+}($3d^1$)和 Co^{3+}($3d^6$)与 O^{2-} 离子分别形成五配位的 VO₅ 和 CoO₅ 方锥体。方锥体通过共角连接形成独立层状结构。PbVO₃ 和 BiCoO₃ 的四方性($c/a,a$ 和 c 是晶格参数)都比 PbTiO₃ 的大,表明 PbVO₃ 和 BiCoO₃ 具有非常大的铁电自发极化值(P_s)[8]。采用简单离子模型,根据 300 K 时 PbVO₃ 的结构数据[6]估计的自发极化值 P_s 为 101 $\mu C \cdot cm^{-2}$。通过第一性原理 Berry 相方法计算的 P_s 值分别为 152 $\mu C \cdot cm^{-2}$(PbVO₃)和 179 $\mu C \cdot cm^{-2}$(BiCoO₃)[9]。四方相的 PbVO₃ 和 BiCoO₃ 被认为是非常有应用前途的多铁性材料,引起了广大科研工作者的兴趣。

除了具有作为潜在的多功能材料的应用价值外[10-12]，四方相的 PbVO₃ 也表现出了许多有趣的和奇特的基础物理性质。基于线性糕模轨道-原子球近似（LMTO-ASA）的第一性原理计算认为四方相的 PbVO₃ 具有稳定的 C 型反铁磁（AFM）自旋构型，但是中子粉末散射实验直到 1.5 K 也没有发现长程磁有序[5]。基于全势线性缀加平面波（FP-LAPW）方法的 LSDA 电子结构计算认为 C-AFM 和 G-AFM 磁有序态的能量具有可比性[9,13]。Tsirlin 等人通过磁化率和比热测量以及能带结构计算发现四方相 PbVO₃ 中的 V⁴⁺（3d^1，S＝1/2）离子四方晶格是失措的，温度到 1.8 K 也没有长程磁序[14]。Oka 等研究者制备出没有磁性杂质的多畴单晶 PbVO₃ 样品，磁性测量和 μ 自旋旋转（μSR）测试都表明四方相的 PbVO₃ 具有二维长程 AFM 序[7]。Belik 等研究者通过高温同步辐射 X 射线和 TG－DTA 研究了四方相 PbVO₃ 的结构稳定性[8]，测试结果表明 PbVO₃ 在分解温度之前不会发生四方相向理想立方相的结构相变。而在室温下的静水压实验测试结果表明，当压力达到 2 GPa 时，四方相向理想立方相转变。结构相变具有一级结构相变的特征，电阻率测试表明结构相变伴随着金属向绝缘体的转变。然而实验的分辨率太低，到目前为止仍然没有得到令人可信的四方相 PbVO₃ 的晶格参数对压力（温度）依赖关系的数据。

本章将采用基于 DFT 的第一性原理的计算方法来研究四方相 PbVO₃ 的电子结构和磁学性质，模拟四方相 PbVO₃ 在静水压和单轴压力作用下的结构稳定性与电子结构变化。

4.2　计算细节与模型建立

本章的计算工作还是采用 Materials Studio 软件中的 CASTEP[15] 计算模块来完成。CASTEP 以 DFT 为理论基础，以 LDA 或 GGA

（包括非自旋极化与自旋极化两个版本）处理电子与电子间的交换关联作用,采用 PPW 基组（可选守恒赝势 NCP 或超软赝势 USP）展开电子波函数。对应理论基础与软件的介绍详见第 2 章。

众多文献报道已经证明:GGA 方法在处理电子与电子的交换关联作用时考虑了非局域及非均匀效应,计算结果比采用 LDA 方法得到的结果更精确[16,17]。在处理含关联作用较强的过渡金属化合物体系时,LDA 方法经常失效,而 GGA 方法总能得到与实验符合得很好的结果[18,19]。由于 PbVO₃中的 V^{4+} 离子有一个 $3d$ 电子,并且我们要模拟不同的磁有序态,为了评估交换关联函数（XC）的性能,计算中考虑了局域密度近似 LDA,以及广义梯度近似（GGA）的 PW91[20]、PBE[21] 和 Wu-Cohen (WC)[22] 的方案。价电子和核间的相互作用通过 Vanderbilt-型超软赝势（ultrasoft pseudopotential,USP)[23]来描述,计算中各原子的价电子组态分别为:Pb $5d^{10}6s^26p^2$,V $3s^23p^63d^34s^2$,O $2s^22p^4$。

首先根据中子粉末衍射实验的数据[5]建立 PbVO₃的铁电四方相的晶体结构模型[图 4-1(a)]。由于要研究四方 PbVO₃的结构稳定性,所以建立了理想立方钙钛矿的结构模型[图 4-1(b)]。为了保证计算的收敛性,首先进行了细致的收敛测试。单胞总能量相对于平面波截止能量（E_{cut}）的变化情况如图 4-2 所示。E_{cut} 高于 700 eV 后,单胞的总能量变化不大,而单胞总能量对 K 点间距的依赖性表现出振荡特点,因此为了得到准确的电子结构信息,选择 $E_{cut}=700$ eV,倒空间的 K 点间距固定为 0.03 Å⁻¹。其他计算参数设定为 CASTEP 模块的"ultrafine"精度默认值。

针对钙钛矿晶体结构的特点,我们考虑了图 4-3 所示的 4 种特殊的磁有序模型,即铁磁（FM）态,A 型、C 型和 G 型反铁磁（AFM）态。FM 态的所有磁矩都平行排列,而 A-AFM 是 FM 性的 ab 面沿 c 方向 AFM 堆积,C-AFM 是 AFM 性的 ab 面沿 c 方向 FM 堆积,G-AFM 是自旋沿所有方向 AFM 排列[13]。

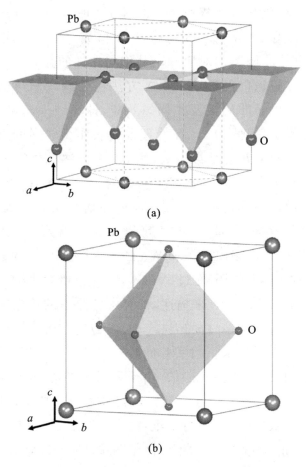

图 4-1 $PbVO_3$ 的晶体结构模型：（a）四方相，V 原子位于 VO_5 方锥体内，虚线对应单胞，实线对应 $\sqrt{2} \times \sqrt{2} \times 1$ 磁性超晶胞；（b）立方相，V 原子位于 VO_6 八面体内

采用中子衍射实验确定四方相 $PbVO_3$ 的晶体结构[5]时，首先计算四方相 $PbVO_3$ 的四种磁有序态的总能量（又称单点能，single point energy，E），在此基础上进一步计算能带（band structure）、态密度（Density of States，DOS）以及电荷密度（charge density），并进行 Mulliken 布居分析。然后通过计算机模拟四方铁电相在静水压

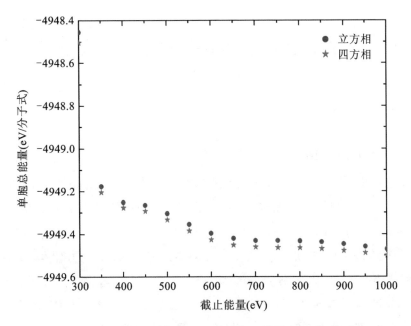

图 4-2　单胞总能量对平面波截止能量的依赖关系

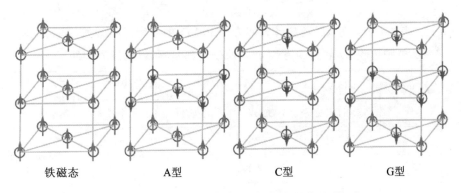

铁磁态　　　　　A型　　　　　C型　　　　　G型

图 4-3　钙钛矿结构的四种特殊磁有序模型

力和单轴压力下的相行为来研究它相对于立方顺电相的结构稳定性以及电子结构的变化。

4.3　四方相 $PbVO_3$ 的基态电子结构与铁电性

4.3.1　基态的晶体结构特征

根据实验数据建立四方相的初始单元结构模型[5,6]。四方相的基态结构是具有 C-AFM 自旋序的 $\sqrt{2}\times\sqrt{2}\times1$ 超晶胞,如图 4-1 所示。不对称单胞的原子占据标记为 $1a$、$1b$ 和 $2c$ 的 Wyckoff 位置,并定义为 Pb $1a$ $(0,0,0)$,V $1b$ $(0.5,0.5,0.5+Z)$,O1 $1b$ $(0.5,0.5,Z_{//})$ 和 O2 $2c$ $(0.5,0,0.5+Z_\perp)$ [6]。VO_5 方锥体金字塔的顶部和赤道氧原子分别标记为 O1 和 O2。已知铁电材料的结构不稳定性对晶格常数和体积变化极其敏感,因此对四方相晶格参数和原子内部坐标完全弛豫。采用不同 XC 泛函获得的结构参数与实验参考数据进行比较,结果见表 4-1。

表 4-1　不同 XC 函数计算四方相 $PbVO_3$ 的平衡晶格常数(Å),
单胞体积 V(Å³),四方性 c/a,原子内部坐标,以及原子间距离

	LDA	PW91	PBE	WC	Expt. [5]
a	3.8182	3.8057	3.8116	3.7824	3.803915
c	3.8182	4.9788	4.9958	4.6713	4.676808
V	54.6625	72.109	72.5815	66.8295	67.6723
c/a	1	1.308	1.310	1.235	1.229
Z	0	0.0755573	0.07709292	0.0572315	0.06884
$Z_{//}$	0	0.2428835	0.24584925	0.20153226	0.210216
$Z_\perp$	0	0.1984704	0.20017173	0.1764099	0.18891
Pb—O1(4)	2.697	2.95	2.962	2.835	2.864

	LDA	PW91	PBE	WC	Expt.[5]
Pb—O2(4)	2.697	2.424	2.424	2.421	2.395
V—O1	1.908	1.656	1.655	1.662	1.677
V—O2(4)	1.908	1.999	2.003	1.971	1.983
V—O1	1.908	3.322	3.341	3.01	3.01

非常令人惊讶的是,使用 LDA 计算的结构产生了明显错误的结果。通过 LDA 计算,四方结构已经弛豫至具有中心对称空间群 $Pm\bar{3}m$ 的立方钙钛矿结构。相反,GGA 成功地再现了四方相的晶体结构。然而,PW91 和 PBE 函数显著高估了晶格常数 c 和体积 V。此外,PW91 和 PBE 高估了原子位移,导致了非常大的四方性 c/a。在典型的铁电化合物 PbTiO₃ 和 BaTiO₃[24,25] 中,已经报道了 PBE 计算的这种超级四方性。众所周知,LDA 经常低估平衡晶格常数 1%～3%,而 GGA 对 LDA 有显著改善作用,但它有过度纠正 LDA 误差并导致过高估计的倾向。通过 WC 交换取代 PBE 交换,Wu 和 Cohen 提出了一种改进的 GGA 泛函(WC)来描述铁电化合物的结构特性[22],采用 WC 泛函计算的晶格参数和晶胞体积更精确。如表 4-1 所示,WC 泛函计算的晶格参数和单胞体积与实验数据更一致。WC 泛函已经成功地研究了传统铁电材料 PbTiO₃ 和 BaTiO₃ 以及典型的多铁性材料 BiFeO₃ 的结构特性[22,25,26],这为可靠描述铁电和多铁性材料的结构特性打开了大门。

4.3.2　磁基态的电子结构特征

由于 LDA 预测四方相的立方结构错误,而 PW91 以及 PBE 过高估计晶格参数和体积,我们使用实验确定的四方相晶体结构[5] 来进行电子结构计算和评估 XC 泛函的性能。对非自旋极化（NM）情况和四方相的四种可能的自旋序配置进行了计算。所考虑的磁有序状态是铁磁（FM）和 A（C,G）型反铁磁（A-AFM,C-AFM 和 G-AFM）。具体模型描述如下:所有磁矩在 FM 状态下平行对准排列（原胞），FM 性 ab 平面在 A-AFM 状态下沿 c 方向反铁磁性堆叠（1×2×1 超胞），AFM ab 平面沿 c 方向在 C-AFM 状态下铁磁性堆叠（$\sqrt{2}\times\sqrt{2}\times1$ 超胞），以及在 G-AFM 态的所有三个方向上的 AFM 排布（$\sqrt{2}\times\sqrt{2}\times2$ 超胞）。

　　FM 态的电子能带结构表现出半金属特性,与 Singh[13] 报道的结果一致,但是与实验测得的绝缘行为[5]相矛盾。而剩下的三种 AFM 态的能带结构表现出与实验一致的绝缘性。Uratani 等人采用 LSDA 也对这四种磁有序态进行了电子结构计算,结果表明 G 型和 C 型 AFM 态是绝缘的[9]。这些理论计算结果说明选择自旋极化 GGA 处理交换关联势可以成功模拟材料的绝缘性,同时说明四方相 $PbVO_3$ 的能带结构对磁性序很敏感[5,9,13]。在考虑了材料的磁性相互作用以后,完全可以在单电子能带论的理论框架下获得与实验一致的结果。四方相 $PbVO_3$ 的绝缘性微观起源可以用 Terakura 等人[27,28]关于过渡金属单氧化物（MO）的绝缘性的论断来解释:相对于库仑排斥作用,晶体结构和磁性序在四方相 $PbVO_3$ 的绝缘带隙打开过程中起关键作用。表 4-2 列出了理论计算得到的以 FM 态为基准的各磁有序态的相对能量值。从表中可以看出,C-AFM 态的能量是最低的。一般来说,能量越低结构越稳定[16],所以 C-AFM 态相对于其他磁有序态更稳定。计算的 V 离子磁矩接近 1 μ_B,与 V^{4+} 离子的 $3d^1$ 电子构型吻合得非常好。这些计算结果表明四方相 $PbVO_3$ 的磁基态具有 C-AFM 自旋构型,与四方相 $PbVO_3$ 实验中观察到的二维 C-AFM 特性非常一致[5,6]。

表 4-2　四方相 PbVO₃的计算总能量相对于 FM 态的能量（meV/分子式）

	NM	FM	A-AFM	C-AFM	G-AFM
LDA	100.2	0	20.9	−20.2	−19.5
PW91	212.4	0	14.5	−23.9	−23.0
PBE	210.6	0	14.1	−23.2	−22.2
WC	187.9	0	17.1	−22.8	−22.1
参考文献[9]	110	0	20.0	−10.0	−10.0
参考文献[13]	111.2	0	19.4	−16.6	−16.1
参考文献[14]	—	0	−1.2	−19.0	−18.8

　　C-AFM 态的电子能带结构沿布里渊区的 M-X 方向显示间接带隙，用 LDA、PW91、PBE 和 WC 函数计算带隙分别为 0.035 eV、0.312 eV、0.31 eV 和 0.248 eV。结果表明，LDA 过于低估了带隙，这与之前的 LDA 计算结果一致[5,9,13]。相反，GGA 提供了更大的带隙值。计算出的电子结构与实验观察到的绝缘行为一致[5]。Mulliken 布居分析表明，对于基态 C-AFM 自旋配置，V 离子的计算自旋矩接近 1 μ_B，这与 V^{4+} 离子的 $3d^1$ 配置一致。同时，在具有相反自旋方向的顶端 O 位点（O1）处存在约 0.1 μ_B 的残余自旋磁矩，这意味着短的氧钒基（V—O1）键中的强共价相互作用[5]。

　　图 4-4 是四方相 PbVO₃的 C-AFM 磁基态在费米能级（E_F，统一设定为 0 eV）附近的能带结构。能带的最大特征是自旋向上和自旋向下的两个子带在相同能量的地方是完全相同的，互相重叠在一起，表现了 AFM 序所具有的独特特征[29-31]。C-AFM 态的能带结构明显不同于参考文献中报道的 FM 态的情况。在文献[13]中，FM 态的电子能带结构显示出半金属特性。对于所有 XC 函数，价带的基本特征几乎相同。相对于 GGA 的计算结果，由 LDA 计算的导带向费米能级移动，显著低估了带隙。在 E_F 以下约为 9 eV 处

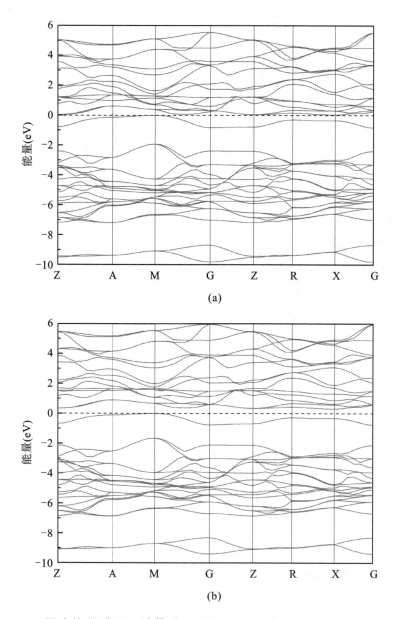

(a)

(b)

图 4-4　不同交换关联泛函计算的四方相 **PbVO₃** 的 **C-AFM** 基态能带结构：
（a）**LDA**；（b）**PW91**；（c）**PBE**；（d）**WC**。**0 eV** 的水平虚线对应于费米能级
（E_F）。自旋向上/向下子带用实线/虚线绘制，由于 **AFM** 序而彼此重叠

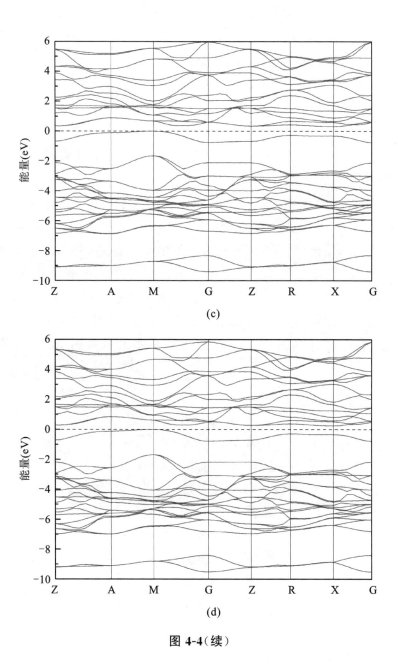

图 4-4（续）

的两对独立的简并价带是 Pb 的 $6s$ 轨道。从 $-7 \sim -2$ eV 的价带主要来源于 O $2p$ 态。在 E_F 附近有一对局域的价带来源于 V $3d$ 态,沿 G-Z 高对称性方向几乎没有色散,沿 M-A 方向的色散也很微弱,证明了四方相 $PbVO_3$ 在 ab 面的二维特征[7,13]。在 E_F 以上的导带主要来源于 V $3d$ 态,图中能量最高的导带来源于 Pb $6p$ 态。上述计算结果表明,所有 GGA 泛函都给出了类似的令人满意的电子结构,因此我们将仅讨论采用常用的 PBE 泛函计算的四方相的其他电子结构特征。

C-AFM 态的详细电子结构特征可以通过价带顶的电子密度分布(轨道)来研究。如图 4-5 所示,V^{4+} 离子的 $3d$ 电子完全自旋极化,并且局域于 d_{xy} 轨道。ab 面上的 d_{xy} 轨道与 O p_x/p_y 轨道间具有最大程度的交叠,形成二维 C-AFM 磁性耦合。与许多钒酸盐化合物(例如 α'-NaV_2O_5[32]、CaV_2O_5[33,34]、MgV_2O_5[35,36] 和 CaV_4O_9[37,38] 等)类似,V^{4+} 离子的 $3d$ 电子占据 d_{xy} 轨道是由它所处的 VO_5 方锥体晶体场决定的,与体系的磁序状态无关。在方锥体晶体场里,$3d$ 轨道劈

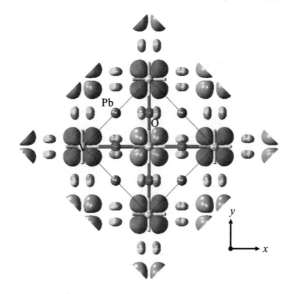

图4-5　C-AFM 态的价带顶的电子密度分布(轨道)图

裂成非简并的 $b_{2g}(d_{xy})$、二重简并的 $e_g(d_{yz},d_{zx})$,以及非简并的 a_{1g} (d_{z^2}) 和 $b_{1g}(d_{x^2-y^2})$ 能级[39]。d_{xy} 轨道的能量最低,在晶体场作用下与其他 $3d$ 轨道劈裂开。另外原子内的交换劈裂(Hund 规则耦合)使未占据的空态相对于占据态向更高能量漂移,所以价带顶和导带底都是由 V^{4+} 离子的 $3d$ 电子的 d_{xy} 轨道构成的[9,13,40]。

本小节的自洽电子结构计算以及之前的理论研究表明,四方相的能带结构对磁性序非常敏感[5,9,13]。这些事实表明,通过考虑磁相互作用,可以在能带论的框架内获得绝缘基态。四方 PbVO₃ 中绝缘态的微观起源与 Terakura 及其同事提出的过渡金属单氧化物的情况类似[27,28]。与原子内库仑排斥相互作用相反,晶体结构和磁性序在打开绝缘带隙中起着至关重要的作用。

4.3.3 四方相的铁电性起源

在经典的铁电性理论框架中,简单钙钛矿(通式 ABO₃,A 是一价或二价阳离子,B 是五价或四价过渡金属阳离子)晶格中的铁电序主要起源于 A 位和 B 位阳离子偏离配位多面体中心的位移,造成正负电荷中心不重合而产生电极化。具有 $6s^2$ 孤对电子结构的 A 位阳离子(如 Pb^{2+}、Bi^{3+})子晶格和具有惰性气体电子壳层结构的 B 位过渡金属离子(如 Ti^{4+},Zr^{4+},Nb^{5+},W^{6+},Mo^{6+})子晶格的存在有利于铁电序的产生[41]。Cohen[42] 指出:在传统钙钛矿型铁电化合物里面,铁电性起源于长程库仑力(喜欢极化的铁电相)与短程电子云排斥(喜欢非极化的顺电结构)之间的竞争。在典型的钙钛矿结构铁电化合物,比如 BaTiO₃ 中,形式上填满的 O $2p$ 态向形式上全空的 B 位过渡金属离子(TM)的 d 轨道转移部分电子密度,形成强的共价作用[43]。显然,过渡金属离子的空 d 轨道与 O $2p$ 轨道间的杂化是过渡金属偏离中心位移的驱动力[44]。

铁电序是由晶格中电荷密度的重新分布造成的,而磁性序由电子的自旋交换相互作用主导。因此如果没有 d 电子引起局域磁矩,那么就不会有任何形式的磁序。Hill 领导的研究小组通过第一性原理电子结构计算认为,产生磁性所必需的过渡金属元素未填满的 d 电子壳层结构(d^n)削弱了诱发铁电性所必需的过渡金属阳离子(d^0)偏离配位多面体中心发生位移的趋势。因此说,磁性与铁电性是互相对立的。要使铁电性和磁性能同时共存于一个单相材料中,必须有一个既能满足铁电性的晶体结构对称性条件,又有能满足磁性的电子壳层结构条件的额外驱动力。

对于四方相的 $PbVO_3$,从各原子轨道的 PDOS(图 4-6)可以看出 O $2p$ 与 V $3d$ 以及 Pb^{2+} 离子的 $6s$ 及 $6p$ 态与 O $2p$ 态间存在着强的杂化作用。在四方相 $PbVO_3$ 里,V 原子向 VO_6 八面体的一个顶点漂移,严重偏离八面体中心,以至于形成如图 4-1 所示的五配位的 VO_5 方锥体。类似于其他钒酸盐体系(如前文提到的 α'-NaV_2O_5、CaV_2O_5、MgV_2O_5 和 CaV_4O_9)中的情况,V 原子与这个顶点 O 原子之间形成一个非常短的 V—O 键,因此 O $2p$ 与 V $3d$ 态间存在着强的杂化作用。这种杂化本质上是弱化短程排斥和降低体系能量,对于四方相 $PbVO_3$ 的铁电相变是有利的。

Cohen[42] 首先采用第一性原理电子结构计算的方法探讨了钙钛矿结构的铁电体 $PbTiO_3$ 中 $6s^2$ 孤对电子立体化学活性的作用。与 $BaTiO_3$ 不同的是,$PbTiO_3$ 中除了有 Ti^{4+} 的 $3d$ 态和 O^{2-} 的 $2p$ 态之间的轨道杂化之外,还有 Pb^{2+} 的 $6s$ 和 $6p$ 态、O^{2-} 的 $2p$ 态之间的共价键性质的轨道杂化,而 Ba^{2+} — O^{2-} 之间是纯粹的离子键结合,因而 $PbTiO_3$ 具有比 $BaTiO_3$ 更大的四方晶格畸变程度和自发极化强度。Pb 的 $6s$ 轨道作为孤对电子态,被完全占据,它与 O $2p$ 态间的杂化作用减小了体系的总能量并增强了四方相 $PbVO_3$ 的铁电结构稳定性。孤对电子立体化学这种铁电机制是 Bi-基钙钛矿结构化合物(如 $BiMnO_3$、$BiFeO_3$)中阳离子偏离配位多面体对称中心发生铁电畸变的驱动力。近几年,Hill 等人在探索钙钛矿结构 ABO_3 化

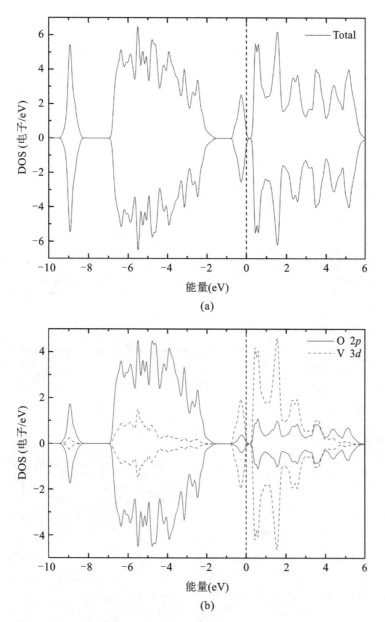

图 4-6　PbVO$_3$ 的 C-AFM 磁基态的总态密度和原子分辨投影部分态密度
（PDOS），正负曲线分别表示自旋向上和向下态。（a）总 DOS；（b）O 2p 和 V
3d 的 PDOS；（c）Pb 6s 和 Pb 6p 的 PDOS；（d）位于四方相 PbVO$_3$ 超晶胞的
中心和角落的 V1 和 V2 的 PDOS［如图 4-1（a）所示］

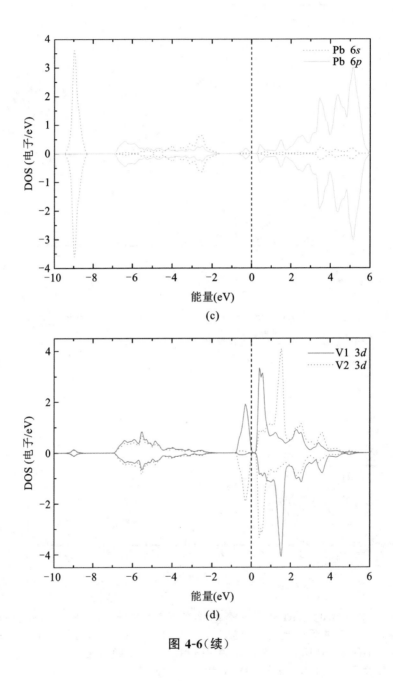

图 4-6（续）

合物中 A 位半径较大的阳离子的 $6s^2$ 孤对电子诱发铁电畸变方面做了大量第一性原理计算工作,包括 BiAlO$_3$、BiGaO$_3$[45]、铁电磁体 BiCrO$_3$[46]、BiMnO$_3$[47] 和 BiFeO$_3$[48]。因为 Cr^{3+}、Mn^{3+} 和 Fe^{3+} 分别具有 $3d^3$、$3d^4$ 和 $3d^5$ 电子壳层构型,不同于常规钙钛矿氧化物铁电体中具有 d^0 电子壳层结构的 B 位阳离子如 Ti^{4+}、Zr^{4+}、Nb^{5+}、Ta^{5+},所以它们的铁电性不能用经典的"软模"理论解释,只能用 Bi^{3+} 的 $6s$ 和 $6p$ 态、O^{2-} 的 $2p$ 态之间共价键性质的轨道杂化来解释。

4.4 四方相 PbVO$_3$ 的结构稳定性

4.4.1 静水压力诱导的晶体结构相变与电子结构变化

根据前文的理论计算与实验中观测到的二维 AFM 特征[7],采用如图 4-1(a)所示的 10 个原子的 $\sqrt{2} \times \sqrt{2} \times 1$ 磁单胞(C-AFM 自旋构型,空间群 P_{4mm})来研究四方铁电相 PbVO$_3$ 在静水压下的结构稳定性。由于缺少理想钙钛矿结构-立方相 PbVO$_3$ 的晶体结构信息,首先通过计算立方相 PbVO$_3$ 不同磁性序态的能量对晶格常数的依赖关系来寻找基态的晶格平衡常数。结果如图 4-7(a)所示,四种磁有序态的平衡晶格常数都约为 3.9 Å,与实验预测值一致[6]。立方相的 FM 态基态能量比另外三种 AFM 态的基态能量都低,所以根据能量越低结构越稳定的观点,FM 态最稳定。所以下面对立方 PbVO$_3$ 的研究都选择 FM 基态。模拟静水压环境,逐渐增加压力值,根据 BFGS 算法[49],对 PbVO$_3$ 的四方相和立方相的晶体结构模型进行几何优化。模拟过程中,在不同的压力下对原子内坐标和晶格常数都进行充分优化。几何优化收敛标准(每两个自洽循环之间)分别为:能量改变 $<5 \times 10^{-6}$ eV/atom,最大力 <0.01 eV/Å,最

大应力<0.02 GPa,最大位移<5×10^{-4} Å。

理论计算的四方相和立方相的 PbVO$_3$ 单胞体积随压力的变化情况（P-V）如图 4-7（b）所示。可以通过三级 Birch-Murnaghan 物态方程[50]来拟合基态性质：

$$P(V)=\frac{3}{2}B_0\left[\left(\frac{V_0}{V}\right)^{\frac{7}{3}}-\left(\frac{V_0}{V}\right)^{\frac{5}{3}}\right]\left\{1+\frac{3}{4}(B_0'-4)-\left[\left(\frac{V_0}{V}\right)^{\frac{2}{3}}-1\right]\right\}$$

$$(4-1)$$

这里的 B_0 是常压体模量，B_0' 是体模量的一阶导数，V_0 是零压单胞体积。固定 $B_0'=4$，得到四方相和立方相的平衡单胞体积分别为 72.58 Å^3 和 59.79 Å^3，体模量分别为 41 GPa 和 163 GPa。四方相的体模量明显比立方相的小。因为体模量是表征固体的可压缩性的，所以四方相比立方相更容易压缩，在压力的作用下，四方相会向立方相转变。

要确定四方相向立方相转变的相变压力，需要从热力学的角度来进行判断[51]。吉布斯自由能 G（或吉布斯函数）是判断一个相是否稳定的热力学函数之一，其表示为：

$$G=E-TS+PV \qquad (4-2)$$

其中 E 是内能，T 是温度，S 是熵，P 是压强，V 是体积。

G 的全微分为：

$$dG=dE-TdS-SdT+PdV+VdP \qquad (4-3)$$

根据热力学第一定律（系统内能的增量 dE 等于系统得到热量 TdS 和外界对系统的功 $-PdV$ 之和）

$$dE=TdS-PdV \qquad (4-4)$$

由式（4-3）得到：

$$dG=-SdT+VdP \qquad (4-5)$$

即 G 是 T、P 的函数，它是一定 T、P 下判断相稳定的热力学函数。

一般情况下 G 的三项中 E 最大，ST 其次，PV 项小，在有些条件下，PV 项可以忽略，这时自由能 F 可以代替 G 作为凝聚相稳定

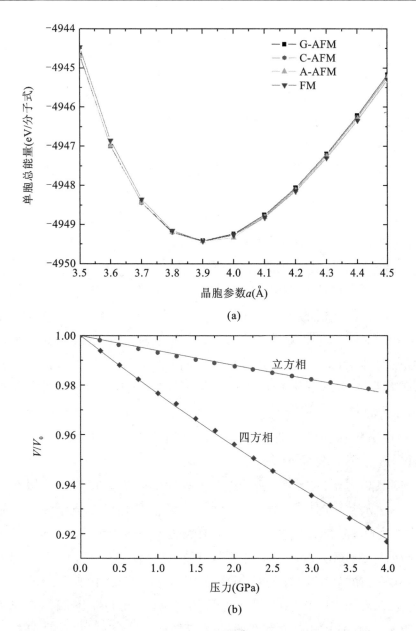

(a)

(b)

图 4-7 （a）磁有序态的能量对晶格常数的依赖关系，（b）四方相和立方相的单胞体积随压力的变化情况

性的判据：

$$dF = dE - TdS - SdT = -SdT - PdV \qquad (4\text{-}6)$$

从式(4-6)可以看出，自由能 F 是 T、V 的函数，是一定 T、V 条件下判定相稳定的热力学函数。由于实验一般都是在一定 T、P 下进行的(热胀冷缩使体积 V 固定的实验很难进行)，所以严格来说此时应以 G 判定相的稳定性。

由于基于 DFT 的第一性原理计算处理的都是基态，即 $T=0$，所以：

$$G = E + PV = H \qquad (4\text{-}7)$$

即吉布斯自由能 G 被简化为热力学函数焓 H。因此以 H 判定相的稳定性。

为了确定四方相 $PbVO_3$ 相对于立方相静水压条件下的结构稳定性，计算了两相的热力学函数焓 H 随压强 P 的变化情况。如图 4-8 所示，$\Delta H=0$ 对应的压力值是四方相向立方相转变的相变压力点。理论计算值为 1.25 GPa，比高压实验测得的值低[6]。注意，实验是在室温下进行的，从 0 到 5.9 GPa 逐渐加压，四方相在 2 GPa开始向立方相转变。当压力从 5.9 GPa 又缓慢卸压到常压时，立方相在 0.3 GPa 时还存在，只有当压力完全移走，立方相才在常压和室温下完全消失[6]。

按照热力学的分类，相变分为一级相变和二级相变。一级相变时热力学函数，如体积、熵等有突变，二级相变时热力学函数如体积等连续变化，但是它们的一阶微商有突变。晶格常数随压强的变化情况如图 4-8 (b)所示。晶格常数在相变后发生突变，标志着四方相向立方相的转变具有一级相变特征。这与实验中观察到的滞后行为是一致的[6]。$PbVO_3$ 在压力下的行为与 $PbTiO_3$ 不同。室温下 $PbTiO_3$ 的四方相向立方相的转变发生在 11.2 GPa，并且具有二级相变的特征[52]。在四方相 $PbVO_3$ 里，V^{4+} 离子与 5 个 O^{2-} 离子形成如图 4-1 所示的 VO_5 方锥体。V^{4+} 离子相对于立方钙钛矿结构的八

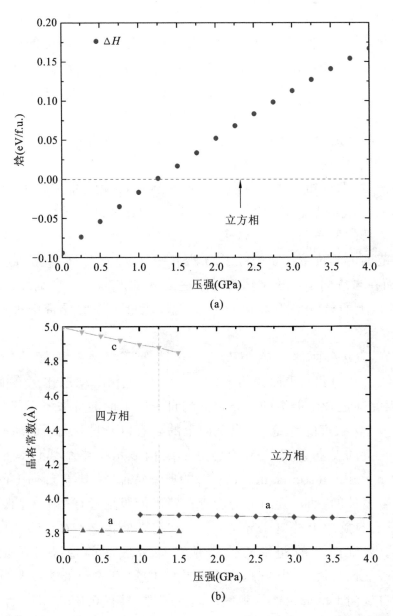

图 4-8 (a)热力学函数焓 **H** 随压强 **P** 的变化情况；(b)晶格常数随压力的变化情况

面体中心发生很大的漂移。在压力作用下，V^{4+}离子的配位环境发生变化，从VO_5方锥体变成VO_6八面体。这种配位环境的巨大改变导致了体积的坍塌和晶格参数的突变。由于立方相$PbVO_3$具有对称中心，因此自发电极化已经不存在了。也就是说，伴随着四方相向立方相的结构相变，发生了铁电向顺电的相变。

室温下的 dc 电阻率实验表明伴随着四方相向立方相的结构相变，$PbVO_3$由绝缘体转变成了金属[6]。但是立方相的详细电子结构还不清楚，没有相关文献报道。如前文所述，FM 态能量最低，是立方相$PbVO_3$的基态，自旋极化的能带结构如图 4-9 所示。E_F 以下能量最低的两条简并的价带来源于 Pb 的 $6s$ 轨道。从 $-7\sim-1$ eV 能量范围内的价带主要来源于 O $2p$ 态。自旋向上的 V $3d$ 带穿过 E_F，而在自旋向下的价带顶和导带底之间却形成了一个绝缘带隙。在 E_F 以上的导带主要来源于 V $3d$ 态，能量更高的导带则来源于 Pb $6p$ 态。

在 VO_6 八面体晶体场中，V $3d$ 能级劈裂成三重简并的 t_{2g} (d_{xy}, d_{yz}, d_{zx}) 和二重简并的 $e_g(d_{z^2}, d_{x^2-y^2})$ 能级。t_{2g} 态比 e_g 态能量低，因此穿过费米能级的 3 条独立的自旋向上的能带来源于部分填充的 V $3d$ 轨道的 t_{2g} 态，而自旋向上的 e_g 态以及自旋向下的所有轨道都是空的。立方相$PbVO_3$的电子结构显示了半金属性铁磁体（half-metallic ferromagnet，HMF）的典型特征[53]，即自旋向上的能带是金属性的，而自旋向下的能带在费米能级附近有一个带隙。因此，只有自旋向上的电子导电，在费米能级处将会产生 100% 自旋极化。自旋向下的能带的价带顶和导带底间的绝缘带隙值为 1.4 eV。而自旋翻转带隙，即自旋向上的通道的费米能级与绝缘性的自旋向下的通道的导带底之间的带隙，只有 0.2 eV。

考虑到部分填充的 V $3d$ 电子之间的强的库仑排斥与交换作用，采用 Dudarev 等人[54]提出的 LDA+U 方法将在位库仑排斥 U 与交换作用 J 考虑进来。这种 LDA+U 方法的优点是只需要引入

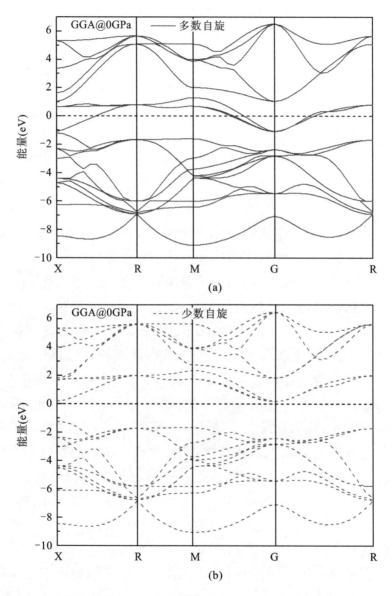

(a)

(b)

图4-9　采用自旋极化 GGA 计算得到的立方顺电相的基态电子结构

一个未知的参数 U_{eff}（$U_{eff}=U-J$）。而其他版本的 LDA+U 方法都依赖于两个独立参数 U 和 J。对于立方相的 $PbVO_3$ 来说，目前还没有可以获得的实验信息，所以如何选择合适的参数是一个难题。本书计算过程中选择了 CASTEP 的默认值 $U_{eff}=2.5$ eV。四种磁有序态的总能量计算结果表现出与采用自旋极化 GGA 计算结果一致的变化趋势，FM＜A-AFM＜C-AFM＜G-AFM。相对于 G-AFM 态，FM、A-AFM 和 C-AFM 态的能量分别低 176.8 meV/分子式、102.6 meV/分子式和 55.6 meV/分子式。因此，FM 态仍然是立方相 $PbVO_3$ 的基态。采用 LDA+U 计算的能带结构如图 4-10 所示。立方相 $PbVO_3$ 的能带结构保持着半金属性的特征。与 GGA 计算结果相比，未占据的自旋向下的能带相对于费米能级，向更高能量范围漂移，自旋翻转带隙明显增大，增加到 0.7 eV。自旋向下的子带的绝缘行为没有变化，但是带隙进一步增大到 2.2 eV。

半金属铁磁体的独特电子结构最早是 de Groot 等人在计算半霍斯勒（semi-Heusler）合金 NiMnSb 和 PtMnSb 的能带结构时发现的[53]。这些磁性金属间化合物与一切普通的铁磁体一样，具有两个不同的自旋子能带。但有趣的是，其中一个自旋子能带（一般称为自旋向上或多数自旋子能带）在费米面上有传导电子，而对于另一个子能带（称为自旋向下或少数自旋子能带），费米能级恰好落在价带与导带的能隙中。换言之，两种自旋子能带分别具有金属性和绝缘性。因此，de Groot 把具有这种能带结构的物质称为"半金属"磁体（half-metallic magnets）。需要指出的是这里所说的"半金属"（half-metal）并非传统意义上的半金属（Semi-metal），两者具有本质的区别：Semi-metal 是指价带和导带只在 k 空间的某些方向交叠而在其他方向不交叠的材料；表现在二维能带结构上就是价带和导带之间存在清晰贯通的能隙，但有部分导带底位于 E_F 的下方；Semi-metal 的载流子浓度要比普通金属的小几个数量级，宏观输运性质介于典型的金属与半导体之间，石墨、As、Sb 及 Bi 是典型代表[55]。

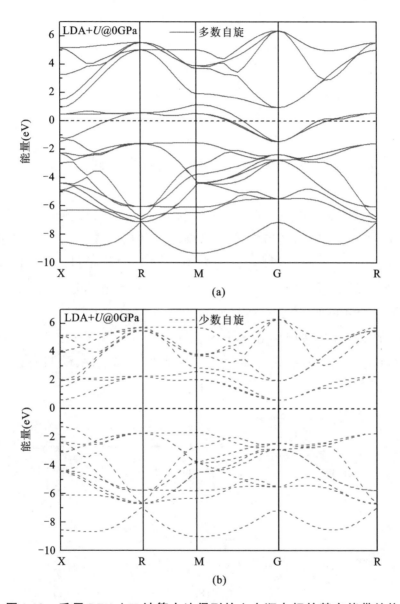

(a)

(b)

图4-10 采用 **LDA＋U** 计算方法得到的立方顺电相的基态能带结构

半金属铁磁体的特殊能带结构带来了一系列特殊性质,例如传导电子的完全自旋极化。半金属铁磁体中一个自旋方向的电子呈现金属的导电特性,而另一个自旋方向呈现半导体或绝缘体的特性,因此所有的传导电子都具有相同的自旋方向。

通常定义自旋极化率(Spin Polarization, P)[56]:

$$P = \left| \frac{N_\uparrow(E_F) - N_\downarrow(E_F)}{N_\uparrow(E_F) + N_\downarrow(E_F)} \right| \tag{4-8}$$

这里 $N_\uparrow(E_F)$ 与 $N_\downarrow(E_F)$ 分别为费米能级附近自旋向上与自旋向下电子的状态数。

图 4-11 为非磁性金属、磁性金属和半金属铁磁体的能带结构示意图。一般来说,自旋向上与自旋向下的电子都有各自的能带结构。但是对于非磁性材料,自旋向上与向下的能带结构是相同的,在费米能级附近自旋向上与向下的状态数目是相等的,自旋极化率为零,以至于我们可以忽略自旋自由度的特性。而在磁性金属中,能带结构的差异造成传导电子中自旋向上与向下的状态数目不等,导致自旋极化率有一个非零量值。对于半金属铁磁体,只有自旋向

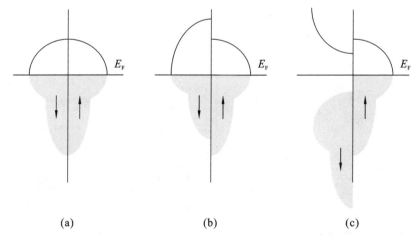

(a)   (b)   (c)

图 4-11　各种材料的能带结构示意图

(a)非磁性金属;(b)磁性金属;(c)半金属铁磁体

上的电子能带是部分填满的,而自旋向下的电子能带则被完全填满,并且与能量更高的导带间有一个能隙。此时费米能级位于自旋向上的能带中,同时也位于自旋向下的能隙中,因此只有自旋向上的电子才能导电,自旋极化率为 100%。

半金属材料在新兴的自旋电子学(Spin electronics 或 Spintronics)这一热门领域中具有非常广阔的应用前景[57-59],如自旋阀(spin valve)、磁隧道结(magnetic tunnel junction)、自旋注射器(spin injector)、磁随机存取存储器(magnetic random access memory)等[60-61]。由于半金属铁磁体最早是从能带结构上加以定义的,所以能带计算始终是判断一种材料是否具有半金属性的重要手段。借助于第一性原理电子结构计算,采用 LSDA、LDA+U 或者自旋极化 GGA,研究人员已经从理论上预测了很多材料具有半金属性[62]。DFT 电子结构计算表明立方相的 PbVO₃ 也属于半金属铁磁体,我们不仅可以利用电子的电荷,也可以利用 100% 自旋极化的导电电子,因此这一材料可能被应用到自旋电子学领域。不过我们还是需要从实验方面去寻找这种半金属性的有利佐证。由于半金属材料具有整数磁矩,测量磁矩是从实验上验证半金属性的最简单而又十分有效的方法。半金属性最直接、最有力的证据还是对样品极化率的测定。可以通过点接触 Andreev 反射法[63]、自旋极化隧穿法、自旋分辨光电发射谱法[64]和正电子湮灭法[65]等方法来确认立方相 PbVO₃ 的半金属性。

4.4.2　单轴压力诱导的晶体结构相变与电子结构变化

合成大块单相样品尤其是单晶相当困难,这刺激了对 PbVO₃ 外延薄膜的研究。薄膜生长技术为制备这种有趣的化合物提供了另一种途径。由 Martin 等人[10,12]使用脉冲激光沉积(PLD)在许多单晶衬底上合成了 c 轴取向的 PbVO₃ 外延薄膜,在 NdGaO₃(110)

衬底上生长的 $PbVO_3$ 薄膜具有 G 型 AFM 序[12]。文献报道了复合折射率的波长依赖性以及 $PbVO_3$ 薄膜的二阶非线性光学系数,这对于材料的线性和非线性光学光谱非常重要[11]。Oh 等人报道了通过 PLD 方法在 $LaAlO_3$(0 0 1)衬底上生长的外延 $PbVO_3$ 薄膜的结构特性和相形成[66]。基于 DFT、广义梯度近似加库仑修正法(GGA+U),Ju 和 Cai 研究了外延 $PbVO_3$ 薄膜中的失配应变依赖性和二次谐波产生(SHG)[67]。第一性原理计算表明通过在 $PbVO_3$ 薄膜中进行 A 位或 B 位掺杂,理论上可以引入强的铁电极化和长程磁性序,甚至是宏观金属/铁磁性[68]。他们一致认为,通过衬底的应变效应和掺杂的化学压力可以实现 $PbVO_3$ 的多铁性。

　　$PbVO_3$ 与高温氧化铜超导体具有结构相似性和电子相似性。它们具有类似的 V^{4+}($3d^1$,一个电子)和 Cu^{2+}($3d^9$,一个空穴)离子的正方形晶格。$PbVO_3$ 可能是寻找新超导体的主体材料。外部压力可以在未掺杂的 $PbVO_3$ 中诱导金属导电性[69]。通过高温同步辐射 X 射线粉末衍射(XRD)测量研究了四方 $PbVO_3$ 的结构稳定性。高压的应用防止了氧化,室温下约 2 GPa 时,诱导 $PbVO_3$ 从四方结构向立方结构转变伴随着绝缘体-金属转变。不幸的是,XRD 图案的有限分辨率和观察到的衍射线的数量有限,阻止了获得可靠的晶格参数对压力(温度)依赖性数据[6]。上一节的第一性原理 DFT 计算揭示了压力诱导的四方结构向立方结构转变与绝缘体-金属转变相关,约为 1.75 GPa[70]。对四方相 $PbVO_3$ 开展原位高压实验,可以了解 $PbVO_3$ 在高压下的结构特征,并阐明可能的立方钙钛矿高压多晶型的性质。在室温下采用金刚石对顶砧(DAC)装置,结合同步加速器角色散 X 射线衍射(ADXRD)技术,将静水压力升高到 10.6 GPa,并结合第一性原理理论计算,研究压缩下 $PbVO_3$ 钙钛矿的结构特性。在压缩过程中观察到在 2.7~6.4 GPa 之间、在降压过程中观察到低于 2.2 GPa 时发生可逆的四方结构到立方结构相变[71]。2~300 K 时,在 0.1 MPa~11.3 GPa 的压力范围内,发现了在室温下压力约 2 GPa 时存在的四方结构到立方结构相变。尽管相变伴随着电阻率显著下降约 5 个数量级，但直至 11.3 GPa 时立方相 PbVO₃ 的电阻率在介于 2～300 K 之间表现出半导体行为[69]。

立方相 PbVO₃ 中电阻率性质的实验和理论结果存在争议。虽然密度泛函理论已成为材料、化学和凝聚态物理学等大多数领域中最受欢迎和最有用的计算方法之一，但众所周知，LSDA 和 GGA 严重低估了电子带隙，后者尤为突出。由于对库仑关联作用的不当处理，采用 DFT 方法时，强电子关联体系中产生了令人不满意的带隙。此外，以前的研究主要集中在静水压力对四方相 PbVO₃ 性质的影响。到目前为止，没有关于单轴压力或应力对 PbVO₃ 的晶体结构、电子结构或极化特性的影响的详细实验或理论研究。本小节通过 DFT 计算探索单轴压力（沿 c 轴施加）对四方相 PbVO₃ 性质的影响。

上一节的 DFT 研究表明，与其他交换关联函数相比，Wu-Cohen（WC）泛函对四方 PbVO₃ 晶体结构的描述有显著改进，与实验数据更吻合[70]。因此，使用 WC 形式的自旋极化 GGA（GGA-WC）交换关联函数[22]。根据实验数据首先建立如图 4-1 所示的四方相 PbVO₃ 的初始单胞结构模型，根据之前的 DFT 计算和实验观察到的二维 AFM 结构特性，采用 C-AFM 自旋构型的十原子 $\sqrt{2} \times \sqrt{2} \times 1$ 超胞来模拟四方相 PbVO₃ 单轴压力条件下的响应。为了计算沿 c 轴的单轴压力，沿 [001] 方向施加压力，并对原子内坐标和晶格参数进行精细的几何优化。通过关闭所施加压力的每个值的晶体结构模型的对称性（对应于 P_1 空间群）来从非对称原子配置开始弛豫所有结构，以实现从头开始模拟的单轴压力，从而允许化合物找到它的最低能量状态。

如图 4-12 所示，四方 PbVO₃ 的焓曲线在 1～1.2 GPa 的不连续变化表明发生了相变。单轴压力下结构参数的演变如图 4-13 所示。单轴压力低于 1 GPa 时,晶格参数 a 缓慢膨胀,c 逐渐压缩。值得注意的是,c 轴随压力的变化远大于 a 轴的变化。四方相 $PbVO_3$ 在静水压条件下表现出显著的各向异性压缩性[70]。所有结构参数在 1~1.2 GPa 条件下急剧变化。晶胞体积减小约 11.6%,不连续的体积坍塌伴随着 a 轴显著膨胀和 c 轴的突然收缩。a 轴从 3.8204 Å 增加到 3.8658 Å,c 轴从 4.4501 Å 急剧收缩到 3.8425 Å。四方 $PbVO_3$ 的压缩行为具有高度各向异性,c 轴为软方向,与静水压条件下的压缩行为类似。此外,四方性(轴向比 c/a)从约 1.16 突变为 1。$PbVO_3$ 的结构参数在 1.2 GPa 时显示出明显的变化,导致晶体对称性从四方变为立方。晶格参数的不连续变化表明四方到立方的相变是一级的。单轴相变压力明显低于静水压力,这与 c 轴的软压缩方向一致[18,19,25,29]。

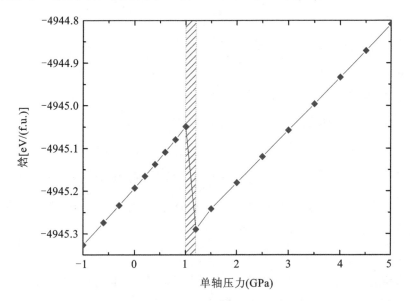

图 4-12　$PbVO_3$ 的焓随着沿 c 轴施加的单轴压力的变化显示出不连续的特征,虚线阴影区域暗示发生相变

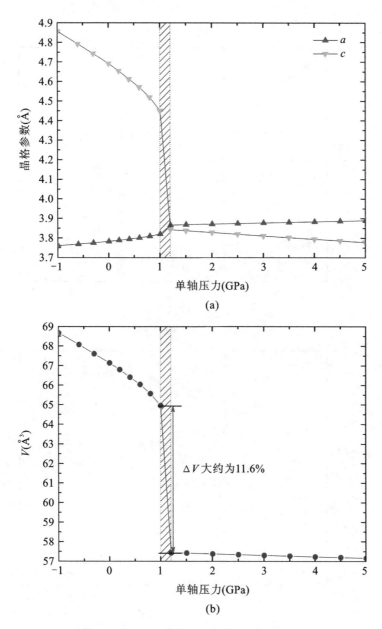

(a)

(b)

图 4-13 沿 c 轴的单轴压力高达 5 GPa 下 PbVO₃ 单胞结构参数的演变

（a）晶格常数 a 和 c；（b）体积 V；（c）轴向比 c/a；（d）原子内部参数

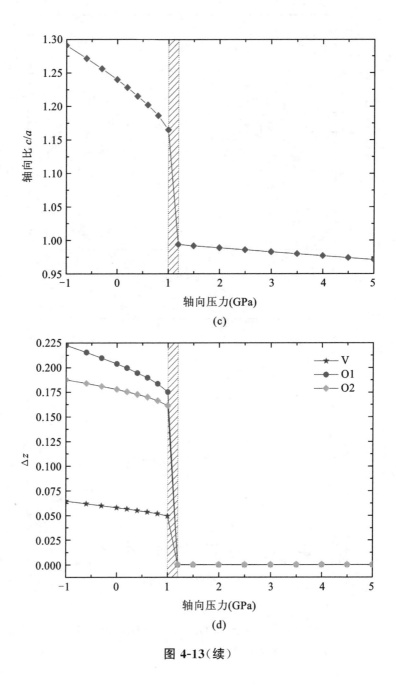

(c)

(d)

图 4-13（续）

在四方 PbVO₃ 中，V⁴⁺ 离子从立方钙钛矿结构的八面体中心发生位移，与五个 O²⁻ 离子配位形成 VO₅ 方锥体金字塔。四方到立方结构相变表明在 1.2 GPa 时抑制结构畸变。如图 4-13(d)所示，V 位置(Δz)，O1 位置(Δz_1)和 O2 位置(Δz_2)的原子内部参数分别在 1.2 GPa 时从 0.0497、0.1751 和 0.1613 变为 0。顶端 O 离子(O1)离开 VO₅ 金字塔中的 V⁴⁺ 离子朝晶格边界面移动，赤道 O 离子(O2)移动到晶体原胞的面中心。V—O 键距离发生巨大变化，并且都变得相同。压力导致 V⁴⁺ 离子的配位环境从 VO₅ 方锥体金字塔变为 VO₆ 八面体。V⁴⁺ 离子的配位环境的明显变化导致体积坍塌和晶格参数的明显变化。由于立方结构中存在中心对称性，自发极化被消除。因此，四方到立方结构相变对应于铁电到顺电相变。

通过第一性原理计算已经成功地再现了四方相 PbVO₃ 在环境条件下的绝缘基态。Shpanchenko 等人使用 LSDA 计算 PbVO₃ 的电子结构并考虑铁磁(FM)和 AFM 自旋序模型，发现 FM 态的电子结构具有金属性，而 AFM 序导致绝缘态，间接带隙为 0.28 eV。此外，FM 态下 PbVO₃ 的能带结构通过引入电子关联势(U)而发生显著变化，绝缘体的带隙(E_g)严重依赖于 U 值的变化：$E_g=2.09$ eV($U=6.8$ eV)和 $E_g=0.65$ eV($U=2.0$ eV)[5]。FP-LAPW 方法中的 LSDA 电子结构计算再现了 G 型和 C 型 AFM 自旋序的实验绝缘行为，能隙为 0.1 eV[9]。采用 LAPW 方法计算的 PbVO₃ 的能带结构显示出 FM 序具有半金属特征[13]。采用 LSDA、PW91、PBE 和 WC 泛函计算的 C-AFM 态的电子能带结构显示出间接带隙分别为 0.035 eV、0.312 eV、0.31 eV 和 0.248 eV[70]。使用 GGA、GGA+U 和改良 Becke-Johnson(mBJ)交换势，PbVO₃ 的带隙尺寸预计为 0.36 eV(GGA-PBE)、1.68 eV(GGA+U, $U=3$ eV)、2.31 eV(GGA+U, $U=6$ eV)、2.01 eV(mBJ)[72]。

DFT 计算的普及源于准确度、速度、较低的计算成本和高计算效率之间的良好平衡。计算的带隙之间的差异可能是由于 LSDA

或 GGA 方法低估了带隙以及四方 PbVO$_3$ 中不同自旋序。前文已经谈到,与单电子近似相比,使用 DFT+U 方法、杂化泛函或 SIC 方法可以解决带隙问题。因此,尝试采用 GGA-WC 和 B3LYP 杂化泛函计算 PbVO$_3$ 的电子结构是非常必要的。

Mulliken 布居分析表明,在环境压力条件下,计算的 V^{4+} 离子自旋矩分别为 1.02 μ_B(GGA-WC)和 1.28 μ_B(B3LYP),这与 V^{4+} 离子的 3d^1 构型一致。同时,由于短的 V—O 键的强共价相互作用,在 VO$_5$ 方锥体金字塔中具有相反自旋方向的顶端 O 离子(O1)存在 0.10 μ_B(GGA-WC)和 0.18 μ_B(B3LYP)的残余磁矩。在环境压力条件下计算出的总自旋磁矩为 0.92 μ_B(GGA-WC)和 1.10 μ_B(B3LYP),与现有的实验值和先前的理论计算结果吻合良好。磁矩随单轴压力的变化如图 4-14 所示。自旋磁矩在 1 GPa 以下几乎不变,但是在 1.2 GPa 时突然转变为 0,这表明 V^{4+} 离子的自旋态转变为非磁性(NM)配置。

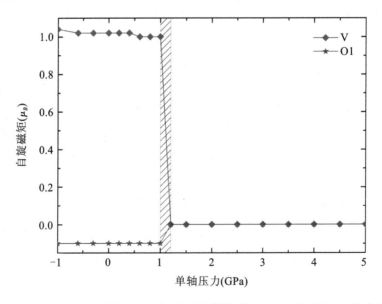

图 4-14　沿 c 轴的单轴压力作用下计算出的 PbVO$_3$ 自旋磁矩的变化

　　四方 PbVO₃ 在相变前 0 GPa(环境压力条件)和 1 GPa(单轴压力)时的能带结构如图 4-15 所示。能带结构的突出特征是自旋向上和自旋向下的子带相互重叠,显示出四方相 PbVO₃ 的 AFM 序。计算出的 C-AFM 基态的绝缘带隙为 0.182 eV(GGA-WC)和 2.730 eV(B3LYP)。杂化泛函确实改善了电子带隙。杂化泛函中的精确交换校正了占据态的自相互作用,并导致占据的价带向下移动,而未占据的空态向上移动,更大的带隙被打开。1 GPa 的能带结构的基本特征与环境条件下的相同,但由于众所周知的带宽扩展,在单轴压缩 1 GPa 的情况下,通过 GGA-WC 和 B3LYP 计算,带隙分别减小到 0.053 eV 和 2.598 eV。

　　如前所述,之前的 DFT 电子结构计算表明,立方相 PbVO₃ 的基态是非磁性(NM)金属,并且所有交换关联函数计算的能带结构的基本特征几乎相同。然而,如图 4-16(a)所示,B3LYP 计算结果

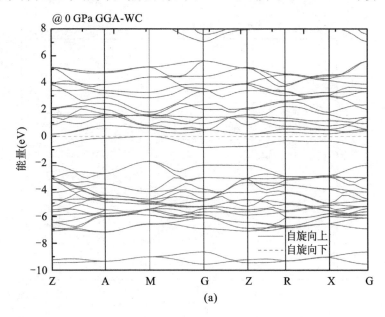

图 4-15　PbVO₃ 的相变前的能带结构:(a)和(b)0 GPa,(c)和(d) 1 GPa,(a)和(c)采用 GGA-WC 计算,(b)和(d)采用 B3LYP 计算

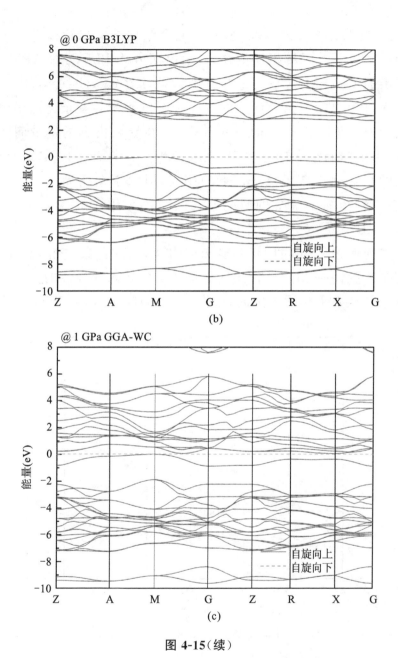

图 4-15（续）

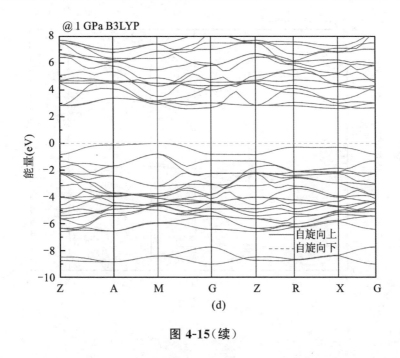

图 4-15（续）

显示了立方相 PbVO$_3$的带隙为 0.949 eV，这与最近在立方高压相 PbVO$_3$中实验观察到的电阻率的半导体行为是一致的。在 B3LYP 中计算的立方相在 1.2 GPa 的能带结构的基本特征与四方相在 1 GPa 时的相同。立方相 PbVO$_3$保留了 C-AFM 自旋序的突出特性，其中自旋向上和自旋向下子带相互重叠。计算出的 V^{4+}离子磁矩为 1.14 μ_B，顶端 O 离子(O1)的残余磁矩为 0.08 μ_B，自旋方向相反。在 1.2 GPa 的单轴压力条件下，计算的总自旋磁矩达到 1.06 μ_B。可以从电子自旋密度分布中清楚地进一步查看立方相 PbVO$_3$中电子态的详细特征，如图 4-16(b)所示。显然，自旋极化的 V 3d 电子完全局域化并占据 d_{xy}轨道。V 的 d_{xy}轨道与 O p_x/p_y轨道强烈杂化，最大限度地在 ab 平面中形成二维 C-AFM 磁耦合。

在室温下，直流电阻率的压力依赖性揭示了 PbVO$_3$中的并发压力诱导的金属-绝缘体转变。第一性原理计算表明，立方 PbVO$_3$的基态是 NM 轨道无序金属。在 2～300 K 温度之间，在 0.1 MPa～11.3 GPa

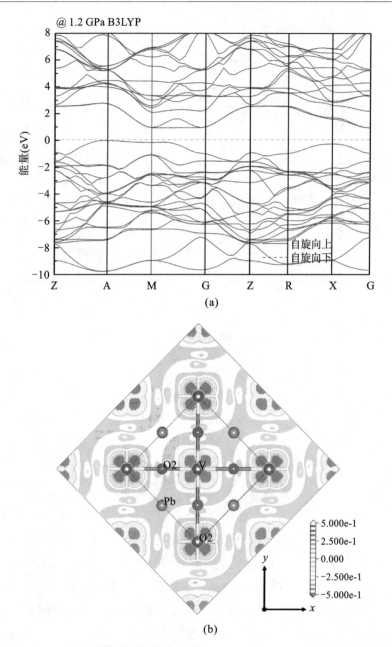

图 4-16　B3LYP 内计算的高压立方相 PbVO₃ 在 1. 2 GPa 下的电子结构:
(a)能带结构;(b)电子自旋密度图[在垂直于 *ab* 平面观察的(001)平面中],
V 原子上未配对的电子占据 d_{xy} 轨道,具有 C-AFM 自旋构型

的压力范围内进行实验研究,发现立方相的电阻率表现出半导体行为。使用 B3LYP 杂化泛函的 DFT 计算显示在单轴压力下 PbVO$_3$ 中的绝缘电子结构,理论计算结果与实验测量结果一致。

众所周知,3d 能级在方锥体晶体场中分裂成非简并 $b_{2g}(d_{xy})$、二重简并 $e_g(d_{yz},d_{zx})$、非简并 $a_{1g}(d_{z^2})$ 和 $b_{1g}(d_{x^2-y^2})$ 能级。V^{4+} 离子占据具有最低能量的 d_{xy} 轨道,与其他 3d 轨道分开。然而,立方相由共角的未变形八面体组成,其中心具有 V^{4+} 阳离子。VO$_6$ 八面体晶体场中 V 3d 能级分成三重简并 $t_{2g}(d_{xy},d_{yz},d_{zx})$ 和二重简并的 $e_g(d_{z^2},d_{x^2-y^2})$ 能级,前者的能量低于后者。因为在三重简并 t_{2g} 轨道中仅存在一个电子,我们期望在立方相 PbVO$_3$ 中获得金属导电性。因此,在单轴压力下的结构相变应该伴随着轨道熔化,这是由于晶体对称性从四方到立方增大。但是与实验观察结果相关的电子结构计算表明,PbVO$_3$ 高压立方相表现出半导体行为。同时,立方相 PbVO$_3$ 显示出 C-AFM 自旋序的轨道序,如图 4-16(b)所示。通过局域密度近似和动力学平均场理论(LDA-DMFT)或 LSDA+U 计算,有助于澄清立方相 PbVO$_3$ 中电子结构和绝缘性质的争议话题。高压立方相 PbVO$_3$ 的真正固有特征仍在研究中,并且需要额外的实验和理论工作来阐明在四方到立方结构相变之后 t_{2g} 态的电子构型的确切性质。使用无杂质的单晶实验可以解决多晶样品的一些问题。

4.5　本章小结

众所周知,铁电体对外部压力很敏感。铁电体承受压力的时候,经常发生四方到立方的结构相变,伴随着铁电相到顺电相相变。本章首先对 PbVO$_3$ 四方铁电相的晶体结构对交换关联泛函的依赖性进行了全面的测试。结果表明,WC 交换函数对晶体结构的优化结果最接近实验数据。接着采用自旋极化 GGA 研究了四方铁电相 $PbVO_3$ 的四种典型磁有序态的电子结构，并阐述了四方铁电相 $PbVO_3$ 的铁电性起源。本章还研究了四方铁电相 $PbVO_3$ 在静水压和单轴压力的作用下晶体结构、电子性质的变化。

外部压力的应用为调节过渡金属氧化物的结构、磁性和电子性质提供了强有力的工具。外部压力的应用还导致复杂的相变，包括结构坍缩、磁矩消失和金属绝缘体相变。$PbVO_3$ 中晶格、自旋和电荷自由度之间存在着强耦合作用。由于多重自由度的耦合相互作用，四方相 $PbVO_3$ 提供了研究各种有趣的特征和丰富现象的基础，必将吸引更多的理论与实验研究者的兴趣。

参 考 文 献

[1] SCOTT J F. Data storage: Multiferroic memories[J]. Nature Materials, 2007,6(4):256.

[2] GAJEK M,BIBES M,FUSIL S,et al. Tunnel junctions with multiferroic barriers[J]. Nature Materials,2007,6(4):296.

[3] KIMURA T, GOTO T, SHINTANI H, et al. Magnetic control of ferroelectric polarization[J]. Nature,2003,426(6962):55.

[4] IKEDA N,OHSUMI H,OHWADA K,et al. Ferroelectricity from iron valence ordering in the charge-frustrated system $LuFe_2O_4$[J]. Nature, 2005,436(7054):1136.

[5] SHPANCHENKO R V, CHERNAYA V V, TSIRLIN A A, et al. Synthesis, structure, and properties of new perovskite $PbVO_3$ [J]. Chemistry of Materials,2004,16(17):3267-3273.

[6] BELIK A A,AZUMA M,SAITO T,et al. Crystallographic features and tetragonal phase stability of $PbVO_3$, a new member of $PbTiO_3$ family [J]. Chemistry of Materials,2005,17(2):269-273.

[7] OKA K, YAMADA I, AZUMA M, et al. Magnetic ground-state of perovskite $PbVO_3$ with large tetragonal distortion [J]. Inorganic

Chemistry,2008,47(16):7355-7359.

[8] BELIK A A,IIKUBO S,KODAMA K,et al. Neutron powder diffraction study on the crystal and magnetic structures of $BiCoO_3$ [J]. Chemistry of Materials,2006,18(3):798-803.

[9] URATANI Y, SHISHIDOU T, ISHII F, et al. First-principles predictions of giant electric polarization[J]. Japanese Journal of Applied Physics,2005,44(9S):7130.

[10] MARTIN L W,ZHAN Q,SUZUKI Y,et al. Growth and structure of $PbVO_3$ thin films[J]. Applied Physics Letters,2007,90(6):062903.

[11] KUMAR A,PODRAZA N J,DENEV S,et al. Linear and nonlinear optical properties of multifunctional $PbVO_3$ thin films[J]. Applied Physics Letters,2008,92(23):231915.

[12] KUMAR A,MARTIN L W,DENEV S,et al. Polar and magnetic properties of $PbVO_3$ thin films [J]. Physical Review B, 2007, 75 (6):060101.

[13] SINGH D J. Electronic structure and bond competition in the polar magnet $PbVO_3$ [J]. Physical Review B,2006,73(9):094102.

[14] TSIRLIN A A,BELIK A A,SHPANCHENKO R V,et al. Frustrated spin-1/2 square lattice in the layered perovskite $PbVO_3$ [J]. Physical Review B,2008,77(9):092402.

[15] CLARK S J,SEGALL M D,PICKARD C J,et al. First principles methods using CASTEP [J]. Zeitschrift für Kristallographie-Crystalline Materials,2005,220(5/6):567-570.

[16] 黄祖飞. $LiMnO_2$ 体系结构与性能的第一性原理研究[D]. 长春:吉林大学,2006.

[17] 王一. 高压提高 PbTe 热电效率的第一性原理研究[D]. 长春:吉林大学,2008.

[18] SOLOVYEV I, HAMADA N, TERAKURA K. t_{2g} versus all 3d localization in $LaMO_3$ perovskites (M=Ti-Cu):First-principles study [J]. Physical Review B,1996,53(11):7158.

[19] MISHRA S K, CEDER G. Structural stability of lithium manganese oxides[J]. Physical Review B,1999,59(9):6120.

[20] PERDEW J P, CHEVARY J A, VOSKO S H, et al. Atoms, molecules, solids, and surfaces: Applications of the generalized gradient approximation for exchange and correlation[J]. Physical Review B, 1992,46(11):6671.

[21] PERDEW J P, BURKE K, ERNZERHOF M. Generalized gradient approximation made simple[J]. Physical Review Letters,1996,77(18): 3865.

[22] WU Z, COHEN R E. More accurate generalized gradient approximation for solids[J]. Physical Review B,2006,73(23):235116.

[23] VANDERBILT D. Soft self-consistent pseudopotentials in a generalized eigenvalue formalism[J]. Physical Review B,1990,41(11): 7892.

[24] WU Z, COHEN R E, SINGHD J. Comparing the weighted density approximation with the LDA and GGA for ground-state properties of ferroelectric perovskites[J]. Physical Review B,2004,70(10):104112.

[25] BILC D I, ORLANDO R, SHALTAFR, et al. Hybrid exchange-correlation functional for accurate prediction of the electronic and structural properties of ferroelectric oxides[J]. Physical Review B, 2008,77(16):165107.

[26] GOFFINET M, HERMET P, BILCD I, et al. Hybrid functional study of prototypical multiferroic bismuth ferrite[J]. Physical Review B, 2009,79(1):014403.

[27] TERAKURA K, WILLIAMS A R, OGUCHIT, et al. Transition-metal monoxides: Band or mott insulators[J]. Physical Review Letters,1984, 52(20):1830.

[28] TERAKURA K, OGUCHI T, WILLIAMS A R, et al. Band theory of insulating transition-metal monoxides: Band-structure calculations[J]. Physical Review B,1984,30(8):4734.

[29] MING X, FAN H G, HUANG Z F, et al. Magnetic gap in Slater insulator α′-NaV$_2$O$_5$[J]. Journal of Physics: Condensed Matter, 2008, 20(15):155203.

[30] MING X, WANG C Z, FAN H G, et al. Electronic structure of the weakly coupled edge-sharing MnO$_4$ spin-chain compound LiMnVO$_4$: An ab initio study[J]. Journal of Physics: Condensed Matter, 2008, 20 (39):395204.

[31] MING X, MENG X, HU F, et al. Pressure-induced magnetic moment collapse and insulator-to-semimetal transition in BiCoO$_3$[J]. Journal of Physics: Condensed Matter, 2009, 21(29):295902.

[32] SMOLINSKI H, GROS C, WEBER W, et al. NaV$_2$O$_5$ as a quarter-filled ladder compound[J]. Physical Review Letters, 1998, 80(23):5164.

[33] ONODA M, NISHIGUCHI N. Crystal structure and spin gap state of CaV$_2$O$_5$[J]. Journal of Solid State Chemistry, 1997, 2(129):367.

[34] KOROTIN M A, ANISIMOV V I, SAHA-DASGUPTA T, et al. Electronic structure and exchange interactions of the ladder vanadates CaV$_2$O$_5$ and MgV$_2$O$_5$[J]. Journal of Physics: Condensed Matter, 2000, 12(2):113.

[35] MILLET P, SATTO C, BONVOISIN J, et al. Magnetic properties of the coupled ladder system MgV$_2$O$_5$[J]. Physical Review B, 1998, 57 (9):5005.

[36] SPITALER J, SHERMAN E Y, AMBROSCH-DRAXL C. First-principles study of phonons, optical properties, and Raman spectra in MgV$_2$O$_5$[J]. Physical Review B, 2008, 78(6):064304.

[37] KOROTIN M A, ELFIMOV I S, ANISIMOV V I, et al. Exchange interactions and magnetic properties of the layered vanadates CaV$_2$O$_5$, MgV$_2$O$_5$, CaV$_3$O$_7$, and CaV$_4$O$_9$[J]. Physical Review Letters, 1999, 83 (7):1387.

[38] PICKETT W E. Impact of structure on magnetic coupling in CaV$_4$O$_9$ [J]. Physical Review Letters, 1997, 79(9):1746.

[39] RAVINDRAN P, VIDYA R, ERIKSSON O, et al. Magnetic-instability-induced giant magnetoelectric coupling[J]. Advanced Materials, 2008, 20(7):1353-1356.

[40] RAI R C, CAO J, MUSFELDT J L, et al. Magnetodielectric effect in the S = 1/2 quasi-two-dimensional antiferromagnet $K_2 V_3 O_8$ [J]. Physical Review B, 2006, 73(7):075112.

[41] 迟振华, 靳常青. 单相磁电多铁性体研究进展[J]. 物理学进展, 2007, 27 (2):225-228.

[42] COHEN R E. Origin of ferroelectricity in perovskite oxides [J]. Nature, 1992, 358(6382):136-138.

[43] COHEN R E, KRAKAUER H. Electronic structure studies of the differences in ferroelectric behavior of $BaTiO_3$ and $PbTiO_3$ [J]. Ferroelectrics, 1992, 136(1):65-83.

[44] KHOMSKII D I. Multiferroics: Different ways to combine magnetism and ferroelectricity[J]. Journal of Magnetism and Magnetic Materials, 2006, 306(1):1-8.

[45] BAETTIG P, SCHELLE C F, LESAR R, et al. Theoretical prediction of new high-performance lead-free piezoelectrics [J]. Chemistry of Materials, 2005, 17(6):1376-1380.

[46] HILL N A, BÄTTIG P, DAUL C. First principles search for multiferroism in $BiCrO_3$ [J]. The Journal of Physical Chemistry B, 2002, 106(13):3383-3388.

[47] SESHADRI R, HILL N A. Visualizing the role of Bi 6s "lone pairs" in the off-center distortion in ferromagnetic $BiMnO_3$ [J]. Chemistry of Materials, 2001, 13(9):2892-2899.

[48] NEATON J B, EDERER C, WAGHMARE U V, et al. First-principles study of spontaneous polarization in multiferroic $BiFeO_3$ [J]. Physical Review B, 2005, 71(1):014113.

[49] PFROMMER B G, CÔTÉ M, LOUIE S G, et al. Relaxation of crystals with the quasi-Newton method[J]. Journal of Computational Physics,

1997,131(1):233-240.

[50] MURNAGHAN F D. The compressibility of media under extreme pressures[J]. Proceedings of the National Academy of Sciences of the United States of America,1944,30(9):244.

[51] 肖衍繁,李文斌. 物理化学[M]. 天津:天津大学出版社,1997.

[52] SANI A, HANFLAND M, LEVY D. Pressure and temperature dependence of the ferroelectric-paraelectric phase transition in $PbTiO_3$ [J]. Journal of Solid State Chemistry,2002,167(2):446-452.

[53] DE GROOT R A, MUELLER F M, VAN ENGEN P G, et al. New class of materials: Half-metallic ferromagnets[J]. Physical Review Letters,1983,50(25):2024.

[54] DUDAREV S L, BOTTON G A, SAVRASOV S Y, et al. Electron-energy-loss spectra and the structural stability of nickel oxide: An $LSDA+U$ study[J]. Physical Review B,1998,57(3):1505.

[55] 冯端,金国钧. 凝聚态物理学(上卷)[M]. 北京:高等教育出版社,2003.

[56] RAMESHA K, SESHADRI R, EDERER C, et al. Experimental and computational investigation of structure and magnetism in pyrite $Co_{1-x}Fe_xS_2$:Chemical bonding and half-metallicity[J]. Physical Review B,2004,70(21):214409.

[57] WOLF S A, AWSCHALOM DD, BUHRMAN R A, et al. Spintronics: a spin-based electronics vision for the future[J]. Science, 2001, 294 (5546):1488-1495.

[58] ŽUTIĆ I, FABIAN J, SARMA S D. Spintronics:Fundamentals and applications[J]. Reviews of Modern Physics,2004,76(2):323.

[59] FELSER C, FECHER G H, BALKE B. Spintronics:A challenge for materials science and solid-state chemistry[J]. Angewandte Chemie International Edition,2007,46(5):668-699.

[60] WANG L, CHEN T Y, LEIGHTON C. Spin-dependent band structure effects and measurement of the spin polarization in the candidate half-metal CoS_2[J]. Physical Review B,2004,69(9):094412.

[61] LEWIS S P,ALLEN P B,SASAKI T. Band structure and transport properties of CrO_2[J]. Physical Review B,1997,55(16):10253.

[62] KATSNELSON M I,IRKHIN V Y,CHIONCEL L,et al. Half-metallic ferromagnets:From band structure to many-body effects[J]. Reviews of Modern Physics,2008,80(2):315.

[63] DE JONG M J M,BEENAKKER C W J. Andreev reflection in ferromagnet-superconductor junctions[J]. Physical Review Letters,1995,74(9):1657.

[64] PARK J H,VESCOVO E,KIM H J,et al. Direct evidence for a half-metallic ferromagnet[J]. Nature,1998,392(6678):794.

[65] HANSSEN K,MIJNARENDSP E. Positron-annihilation study of the half-metallic ferromagnet NiMnSb: Theory[J]. Physical Review B,1986,34(8):5009.

[66] OH S H,JIN H J,SHIN H Y,et al. Structural properties and phase formation of epitaxial $PbVO_3$ thin films grown on $LaAlO_3$(001) by pulsed laser deposition[J]. Journal of Physics D:Applied Physics,2014,47(24):245302.

[67] JU S,CAI T Y. Effect of misfit strain on the multiferroism and nonlinear optical response in epitaxial $PbVO_3$ thin films[J]. Applied Physics Letters,2008,93(25):251904.

[68] XING-YUAN C, LI-JUAN C, YU-JUN Z. The magnetoelectric properties of A-or B-site-doped $PbVO_3$ films:A first-principles study [J]. Chinese Physics B,2013,22(8):087703.

[69] BELIK AA,YAMAUCHI T,UEDA H,et al. Absence of metallic conductivity in tetragonal and cubic $PbVO_3$ at high pressure[J]. Journal of the Physical Society of Japan,2014,83(7):074711.

[70] MING X,YIN J W,WANGX L,et al. First-principles comparative study of multiferroic compound $PbVO_3$[J]. Solid State Sciences,2010,12(5):938-945.

[71] ZHOU W,TAN D,XIAO W,et al. Structural properties of $PbVO_3$

perovskites under hydrostatic pressure conditions up to 10. 6 GPa[J].
Journal of Physics:Condensed Matter,2012,24(43):435403.

[72] MILOŠEVIĆ A S,LALIĆ M V,POPOVIĆ Z S,et al. An ab initio study
of electronic structure and optical properties of multiferroic
perovskites PbVO₃ and BiCoO₃ [J]. Optical Materials,2013,35(10):
1765-1771.

5 多铁性材料的第一性原理设计
——以 $BiCo_{1-x}Fe_xO_3$ 为例

5.1　$BiFe_{1-x}Co_xO_3$ 体系的研究现状

　　$BiFeO_3$ 是被研究得最为广泛的多铁性材料,在室温下具有强大的铁电性和磁性长程序。尽管这种材料是在 20 世纪 50 年代被首次发现的[1],但科学家花费了大约半个世纪来阐明它的内在铁电性和磁性。它以菱方钙钛矿结构(空间群:$R3c$)结晶,其中铁电极化沿着钙钛矿胞的[111]方向(伪立方体表示法)。2003 年,王等人[2]报道了制备(001)取向的 $BiFeO_3$ 薄膜,其剩余极化强度 Pr 约为 55 $\mu C \cdot cm^{-2}$(沿[111]约为 95 $\mu C \cdot cm^{-2}$),远远大于之前报道的单晶样品[3]的,与其晶体结构的预期相当[4]。$BiFeO_3$ 薄膜的压电系数 d_{33} 约为 60 pm V^{-1}。2007 年晚些时候针对单晶样品的第一篇关于大块 $BiFeO_3$ 沿[111]方向的大极化(大约 100 $\mu C \cdot cm^{-2}$)的报道被发表[5]。这种情况显然与没有杂质相的化学计量比的 $BiFeO_3$ 难以合成这一事实相关[6],这也妨碍了我们对 $BiFeO_3$ 磁性的理解,尤其是对薄膜形式的理解。据报道,在 20 世纪 60 年代,$BiFeO_3$ 是一种 G 型反铁磁体,其 Néel 温度(T_N)约为 640 K[7]。Sosnowska 等人[8]基于中子衍射研究发现了周期为 62 nm 的摆线调制。后来,小角度中子散射研究揭示了 0.06 μB/(f. u.)的平均局部磁矩,其自旋排布方式类似于摆线序[9]。摆线调制的起源归因于 $BiFeO_3$ 的非中心对称性质引起的非均匀磁电耦合[10,11]。虽然起源不同,但这种自旋结构与第一个由磁性有序引起的电极化材料 $TbMnO_3$ 的基本相同[12]。实际上,在 18 T 的磁场中,在 $BiFeO_3$ 的单晶中观察到电极化急剧变化,这对应着共线自旋结构的出现,估计剩余磁化强度为 $0.03~\mu B/(f.u.)$[13]。2015 年,发现了一种电极化模式与摆线自旋旋转平面正交耦合的新型电极化[14]。

Wang 等人的论文引发了大量关于 $BiFeO_3$ 的实验和理论研究,因为该论文还报道了 $BiFeO_3$ 薄膜中的大磁化强度[大约 $1\mu B/(f.u.)$]。由于预期没有摆线调制的 $BiFeO_3$ 是具有倾斜自旋的弱铁磁体[15],外延薄膜中增强磁化的最可能机制之一是外延应变,共线相的稳定性增强了自旋倾斜[16]。虽然后来的研究表明外延应变确实破坏了摆线调制[17],但是外延应变是否能够固有地增强 $BiFeO_3$ 薄膜的磁化仍然是一个悬而未决的问题。目前认为没有摆线调制的 $BiFeO_3$ 外延薄膜的固有磁化强度小于 $0.1~\mu B/(f.u.)$,它来自自旋倾斜。2009 年,Catalan 和 Scott 发表了对 $BiFeO_3$ 基本性质的详细评论[18]。迄今为止,已经进行了许多尝试以通过外延应变和/或化学取代来改变 $BiFeO_3$ 的铁电/压电和磁性[19,20]。Hojo 等人[21]综述了 $BiFeO_3$ 的化学改性,在介绍了有关该问题的代表性研究后,总结了通过 Co 取代控制 $BiFeO_3$ 的压电和磁性的方法。

5.1.1　$BiFeO_3$ 的化学取代

作为铁电/压电材料,$BiFeO_3$ 的缺点之一是体相中和薄膜形式的样品中存在非常大的漏电流。由于 $BiFeO_3$ 是电荷转移绝缘体,其中导带主要由 Fe 离子的 $3d$ 轨道组成,其价态可能偏离+3 价(可能是因为存在氧空位和/或铋缺陷)而产生载流子,这可能是产生漏电流的原因。用 Mn 和 Cr 离子取代 Fe 离子,从而形成捕获带电载流子的中间隙状态,是已知的一种减小漏电流的实用且有效的方法[22,23]。$BiFeO_3$ 的另一个缺点是与典型的铁电/压电材料 $PbZr_{1-x}Ti_xO_3$（PZT）（几十 $kV \cdot cm^{-1}$）相比较，矫顽力大（数百 $kV \cdot cm^{-1}$）。由于 Bi^{3+} 离子的 $6s^2$ 孤对诱导铁电性，因此预期用镧系离子等其他离子取代 Bi 离子会显著影响铁电极化和矫顽力。实际上，已经证明，15% 的 La 取代可将矫顽力降低到 $90\ kV \cdot cm^{-1}$，同时伴随着畴壁密度的增加[24]。

由于 $BiFeO_3$ 薄膜（大约 $60\ pm \cdot V^{-1}$）[2]的 d_{33} 远小于 Pb 基压电材料的 d_{33}，因此科学家已经通过化学取代做出了很大努力来改善 $BiFeO_3$ 的压电响应。这种方法的重要意义是实现一种成分驱动的相变，即所谓的准同型相界（MPB），因为众所周知，PZT 的优异压电特性表现在富含 Zr 的菱方晶体和富含 Ti 的四方相之间的边界处[25]。Fujino 和同事通过组合方法制备了 Sm 取代的 $BiFeO_3$ 薄膜。据报道，介电常数和 d_{33} 在 Sm 含量为 14% 时急剧增加到大约 400 和 $100\ pm \cdot V^{-1}$。这种现象后来被解释为电场诱导的顺电正交相到极性菱方相的结构转变[26]。在这些薄膜中发现纳米畴结构这一事实也支持这种结论[27]。

研究者还广泛研究了化学取代以在 $BiFeO_3$ 中诱导净磁化。尽管有许多关于通过化学改性增强磁性的报道，但令人惊讶的是，磁信号的起源几乎在所有情况下都不清楚[28-31]。这是因为宏观磁性测量不能区分 $BiFeO_3$ 的固有磁信号和诸如 γ-Fe_2O_3 之类的磁性杂质[32-34]。在 $BiFeO_3$ 中实现净磁化的可能方法之一是抑制摆线调制以利用倾斜自旋来稳定共线自旋结构。实际上，众所周知，通过用稀土元素（La[35]和 Nd[36]）代替 Bi 或 Mn[37]代替 Fe，可以破坏摆线状态或延长摆线调制时间。然而，我们必须注意，稳定共线自旋结构并不一定意味着自旋倾斜以产生自发磁化或使样品没有磁性杂质。诸如 X 射线磁性圆二色性的微观方法结合诸如中子衍射和/或穆斯堡尔谱的自旋结构分析对于明确识别磁信号的起源是至关重要的。

5.1.2 $BiFeO_3$-$BiCoO_3$固溶体

在 $BiFeO_3$ 的 Fe 位置取代 Co，可以被认为是在 $BiFeO_3$ 和 $BiCoO_3$ 之间形成固溶体。可以通过高压合成稳定的 $BiCoO_3$[38]。1979 年报道了该系统的开创性工作[39]，但由于样品是在环境压力下制备的，因此未获得钙钛矿相。钙钛矿 $BiCoO_3$ 与 $PbTiO_3$ 是同构的，但具有比 $PbTiO_3$ ($c/a=1.06$)明显更大的极性畸变($c/a=1.27$)。它在环境压力下低于 T_N 为 420 K 的温度时表现出 C 型反铁磁序，在 5 K 时磁矩为 3.24 μ_B，表明 Co^{3+} 处于高自旋状态。$BiCoO_3$ 显示出压力诱导的自旋态转变，伴随着中心对称 $GdFeO_3$ 型的结构变化[40,41]，可以利用化学改性来实现有用的多功能性[42]。通过综合研究高压合成制备的块状 $BiFe_{1-x}Co_xO_3$ 的晶体结构，Azuma 等人构建了组成-温度相图，如图 5-1(a)所示[43]。室温下的晶体结构是富 Fe 区域($x \leqslant 0.2$)中的菱方 $BiFeO_3$ 型和富 Co 区域中的四方 $BiCoO_3$ 型($x \geqslant 0.4$)。因此，在大约 $x=0.3$ 时存在所谓的 MPB。已经有很多研究尝试通过 Co 取代来改善 $BiFeO_3$ 薄膜的铁电/压电性质[44-46]。我们可以利用菱方相和四方相之间结构的不连续性来实现包括压电性在内的巨大响应[47]。有趣的是，在该复合物中还发现了单斜晶相。这种单斜晶相中的"极化旋转"与 $BiFe_{1-x}Co_xO_3$ 的体相[48]和薄膜[49]的压电性质相关联。另一方面，粉末中子衍射的详细自旋结构分析，揭示了菱方 $BiFe_{0.8}Co_{0.2}O_3$ 的自旋结构从低温摆线变为 120 K 的高温共线，如图 5-1(b)所示[35]。只有共线相显示出类似铁磁性的行为，表明共线相中的自旋倾向于产生自发磁化。这一发现的重点在于，自旋结构分别在有和没有自发磁化的共线相和摆线相之间作为温度的函数发生变化。因此，可以确定磁化来自 $BiFe_{0.8}Co_{0.2}O_3$，而不是来自磁性杂质。由于低于 $x=0.2$ 的 $BiFe_{1-x}Co_xO_3$ 维持铁电菱方 R3c 晶体结构，因此预期 $BiFe_{0.8}Co_{0.2}O_3$ 在室温下是铁电性的并且是弱铁磁性的。

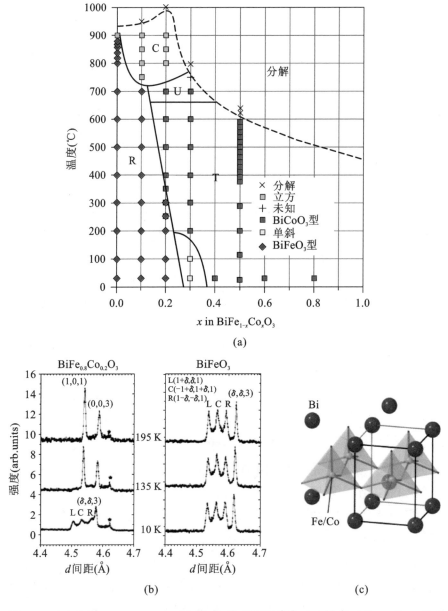

(a)

(b)　　　　　　　　　　　　　　　(c)

图 5-1　(a) 块体 $BiFe_{1-x}Co_xO_3$ 的组成-温度相图[43]；(b) 块体 $BiFe_{0.8}Co_{0.2}O_3$ 和 $BiFeO_3$ 在 10 K、135 K 和 195 K 的中子衍射图[35]；(c) 单斜晶系 $BiFe_{0.7}Co_{0.3}O_3$ 的晶体结构。断裂和实线分别代表单斜晶胞和假想的立方晶胞

5.2 $BiFe_{1-x}Co_xO_3$ 体系面临的挑战

Hojo 等人[21]综述报道了通过 Co 取代控制 $BiFeO_3$ 的压电和磁性的进展,他们指出了具有巨大 c/a 值的单斜晶系 Cm 相(M_A 型)作为体相 $BiFe_{1-x}Co_xO_3$($x \approx 0.3$)中的独特相,其中极化旋转作为组分和温度的函数。制备具有 M_A 型和 M_C 型单斜晶相的 $BiFe_{1-x}Co_xO_3$ 薄膜和具有极大 c/a 值的四方相以评价压电性能。实际上,在 M_A 型单斜相中压电响应增强,具有大的单斜变形,这可归因于极化旋转的空间增大。不幸的是,由于大的自发极化,$BiFe_{1-x}Co_xO_3$ 薄膜的 d_{33} 仍然很小(大约 60 pm · V^{-1})。需要用具有小自发极化强度的 M_A 型单斜相来代替 PZT。另一方面,研究还发现 $BiFe_{1-x}Co_xO_3$($x < 0.2$)的自旋结构从低温摆线变为高温共线的菱方结构。在菱方 $BiFe_{1-x}Co_xO_3$ 薄膜中也观察到自旋结构温度依赖性变化。可以确定 $x = 0.10$ 的 $BiFe_{1-x}Co_xO_3$ 薄膜由于自旋倾斜而具有弱铁磁性,并且在室温下也是铁电的。对于 $BiFe_{0.892}Mn_{0.008}Co_{0.1}O_3$ 的单晶,通过应用电场对磁性平面重新进行定向,证明了铁电和弱铁磁序之间的耦合。

电场诱导磁场的磁化反转尚未在该系统中得到证实。为了阐明 $BiFe_{1-x}Co_xO_3$ 薄膜的磁畴,X 射线磁性圆二色光电发射电子显微镜将会非常有用[50,51],因为在 $BiFe_{1-x}Co_xO_3$ 薄膜中磁化处于平面内。另一种选择是使用诸如磁力显微镜(MFM)的探针显微镜来检测磁畴。通过在具有不同取向的衬底上制造薄膜来实现磁化的面外分量至关重要,因为 MFM 通常对磁化的面内分量不敏感。在任何一种情况下,氧八面体旋转决定 DM 矢量并因此确定弱磁化,如 Ederer 和 Spaldin[15]从理论上证明,以及 Heron 等人的 $BiFeO_3$ 薄膜实验所示[51],控制氧八面体旋转对于通过电场实现磁化反转非常重要。另一个悬而未决的问题是我们是否可以通过化学取代和/或外延应变本质上增强 $BiFeO_3$ 的磁化。理论方法可以有效地解决这个问题。第一性原理计算表明，Co 取代可以增大弱磁化的倾斜角度[52]；然而，定量讨论需要更系统和全面的研究。摆线自旋结构本身是一个迷人的研究目标。铁电和摆线自旋序之间的强耦合是众所周知的[53]。最近，Gross 等人的研究表明，单旋磁力计可用于检测 $BiFeO_3$ 中的摆线序[54]。

5.3　$BiCo_{1-x}Fe_xO_3$ 多铁性材料的第一性原理设计

Bi 基钙钛矿和钙钛矿相关化合物 $BiMO_3$ 作为无铅铁电或多铁性材料引起了相当大的关注[55]。在简单的 $BiMO_3$ 化合物中，自 2006 年首次报道以来，$BiCoO_3$ 作为一种有前途的多铁性材料受到了广泛关注[38]。$BiCoO_3$ 具有 $PbTiO_3$ 型结构，其四方性（$c/a=1.269$）远大于 $PbTiO_3$ 的（$c/a=1.062$）。中子衍射数据确定其具有 C 型反铁磁自旋序，其中 Co^{3+} 离子的磁矩在 ab 平面中反平行排列，ab 层沿 c 轴平行堆叠。前面的章节通过密度泛函理论（DFT）计算验证了 $BiCoO_3$ 中的绝缘 C 型 AFM 基态[38,56-59]。文献报道的第一原理 Berry 相计算预测了 $BiCoO_3$ 的巨大电极化值为 179 $\mu C \cdot cm^{-2}$ [57]。电阻率测量显示 $BiCoO_3$ 具有绝缘性质，在 400 K 时电阻率约为 10^5 $\Omega \cdot cm$。通过软 X 射线发射（XES）和 X 射线吸收（XAS）光谱实验得到的能隙大约为 1.7 eV[60]。

$BiCoO_3$ 被认为是一种很有前景的多铁性材料，同时具有反铁磁性和铁电性。但是实验观察铁电磁滞回线不太理想，因为对于强的外加电场，电阻率看起来太小。另一方面，尽管 $BiCoO_3$ 的 C-AFM 自旋序在室温以上是稳定的（$T_N=470$ K），由于 AFM 自旋序，无法实现大的自发磁化。因此，$BiCoO_3$ 中的多铁性受到阻碍。离子取代和掺杂是改善磁性能和提高操纵磁电耦合能力的两种有效方法。通过用其他 $3d$ 过渡金属原子取代 B 位置处的 Co 原子，可以预测由于磁矩不同,会形成局部亚铁磁自旋构型[61]。例如,许多研究人员试图通过在多铁性材料 $BiFeO_3$ 中进行取代掺杂来增强磁性[62-66]。

　　由于与 PZT 的原型压电材料的结构相似,$BiCoO_3$-$BiFeO_3$ 系统作为无铅压电材料的候选材料引起了相当大的关注。研究者已经研究了固溶体 $BiCo_{1-x}Fe_xO_3$ 的晶体结构变化,以确定四方相 $BiCoO_3$ 和菱方相 $BiFeO_3$ 之间的相界[43,47,48]。在 $BiCo_{1-x}Fe_xO_3$ 体系中,x 范围为 $0\sim0.6$ 的样品具有四方相 $BiCoO_3$ 结构,而 x 范围为 $0.8\sim1$ 的样品显示出菱方相 $BiFeO_3$ 结构,x 等于 0.7 的样品显示出单斜结构。第一性原理计算报告在 Co 位置 12.5% 的 Fe、Cr 掺杂可以实现亚铁磁性,同时使 $BiCoO_3$ 保持优良的电极化性[67]。理论预测,在掺杂 12.5% Ni 的 $BiCoO_3$ 中也可以实现亚铁磁性和铁电性的共存[68]。

　　理论研究表明,在 $BiCoO_3$ 中用过渡金属离子取代 Co 确实增强了它的磁性能,但很少有关于 $3d$ 过渡金属离子取代 $BiCoO_3$ 的磁性的实验信息。此外,很多工作已经深入研究了那些 Co 掺杂的 $BiFeO_3$ 的磁性、精确的自旋构型、电极化和电子结构,而对于 Fe 取代的 $BiCoO_3$ 的研究还不充分。在本章的工作中,将设计浓度为 25% 和 50% 的 Fe 取代的 $BiCoO_3$,它们更接近相变点,通过第一性原理 DFT 计算探索 Fe 取代的 $BiCoO_3$ 的铁电性和磁性。Fe 取代的 $BiCoO_3$ 系统保持母体 $BiCoO_3$ 的强铁电自发极化和绝缘性质,同时提供额外的净磁矩,这是有希望的亚铁磁性和优良的铁电性质共存的多铁性材料。

　　基于 DFT 平面波赝势方法,所有计算均在 CASTEP 软件中实现[69]。将 Perdew、Burke 和 Ernzerhof(PBE)以及 Wu-Cohen(WC)交换参数化的自旋极化梯度近似(GGA)用于处理交换关联函数[70]。采用 Vanderbilt 型超软赝势描述核心区和价电子之间的相互作用[71]。Bi $6s^2\,6p^3$、Co $3d^7 4s^2$、Fe $3d^6 4s^2$ 和 O $2s^2 2p^4$ 的电子被当作价电子计算。对于所有计算,平面波基组的截止能量设定为 380 eV,并且在不可约的布里渊区域中的 k 点间距固定为 0.04 Å^{-1}。能量变化、最大力、最大应力和最大位移的收敛标准设定为 2×10^{-5} eV/atom，0.05 eV/Å，0.1 GPa 和 2×10^{-3} Å。

　　根据中子粉末衍射数据建立 $BiCoO_3$ 的初始晶体结构模型。$BiCoO_3$ 的结晶学原胞由一个五原子单胞组成，并且 C-AFM 磁性晶胞是含有两个 $BiCoO_3$ 分子式的十原子 $\sqrt{2}\times\sqrt{2}\times1$ 超晶胞。根据之前的 DFT 计算和实验观察到的二维 AFM 特性，采用含有四个原胞的二十原子 $\sqrt{2}\times\sqrt{2}\times2$ 超晶胞模拟 Fe 取代的 $BiCoO_3$ 体系，取代浓度为 25% 和 50%。超晶胞允许我们模拟各种替换位置和自旋序。在 BFGS 最小化算法内执行原子内坐标和晶格参数的精细几何优化[72]。然后使用优化的结构来计算替代系统的总能量和电子结构。为了模拟 Fe 取代的 $BiCoO_3$ 系统中可能的自旋配置和磁耦合，对 25% 和 50% Fe 取代的 $BiCoO_3$ 系统，分别建立四个（即 FM、A-AFM、C-AFM 和 G-AFM，如图 5-2 所示）和八个（即 FM1、FM2、A-AFM1、A-AFM2、C-AFM1、C-AFM2、G-AFM1 和 G-AFM2，如图 5-3 所示）假设的特殊磁有序态（分别表示为 $BiCo_{0.75}Fe_{0.25}O_3$ 和 $BiCo_{0.5}Fe_{0.5}O_3$）。

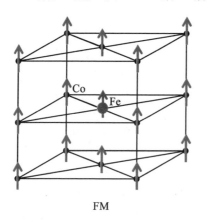
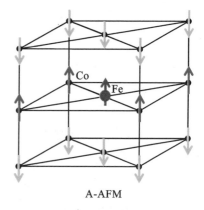

FM　　　　　　　　　　　　　　　A-AFM

图 5-2　25%Fe 取代的 $BiCoO_3$ 系统（$BiCo_{0.75}Fe_{0.25}O_3$）不同自旋序示意图

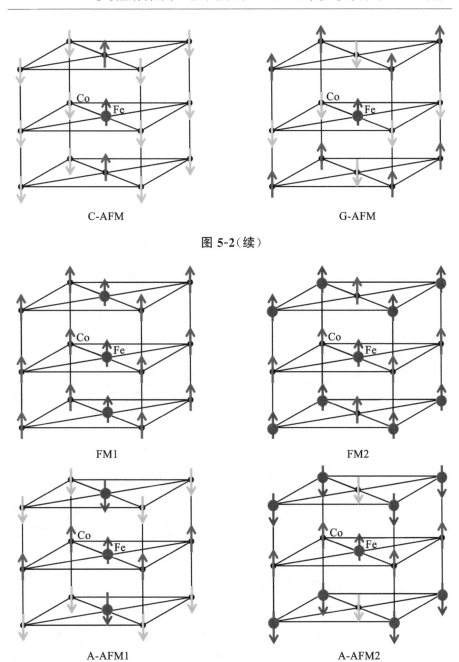

C-AFM   G-AFM

图 5-2(续)

FM1   FM2

A-AFM1   A-AFM2

图 5-3 50%Fe 取代的 $BiCoO_3$ 系统($BiCo_{0.5}Fe_{0.5}O_3$)不同自旋序示意图

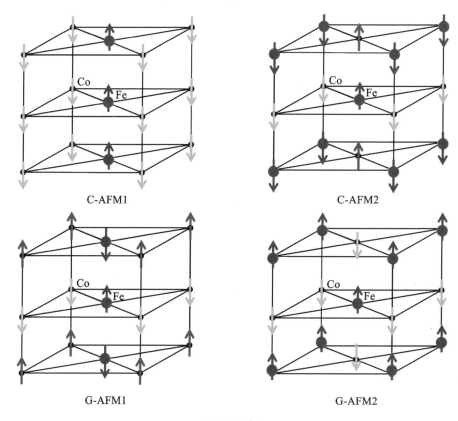

图 5-3（续）

对于所有自旋构型，晶格参数和原子内坐标参数都是完全放开优化的。为了与已知的实验数据进行比较，将计算结果转换为结晶学单胞结构。理论计算的结构参数列于表 5-1 和表 5-2 中，它们与纯相 $BiCoO_3$ 的实验数据非常接近[38]。如图 5-4 所示，Fe 部分取代 Co 不会改变 $BiCoO_3$ 的初始四方结构。在 Fe 取代的四方相 $BiCoO_3$ 体系中，Fe^{3+} 和 Co^{3+} 离子均位于金字塔形方锥体配位中。计算结果与最近的实验结论吻合得很好[73]。基于计算的总能量，发现 C-AFM 态是 Fe 取代的 $BiCoO_3$ 系统的最稳定的磁性构型。G-AFM 和 C-AFM 状态之间的能量非常接近，这表明 ab 平面之间的层间相互作用非常弱,而相同 ab 平面内的层内相互作用很强。计算结果反映了 $BiCoO_3$ 系统中的面外相互作用非常弱,并且暗示磁耦合相互作用基本不依赖于化学细节(取代比例和位置)。

表 5-1　理论计算优化 $BiCo_{0.75}Fe_{0.25}O_3$ 晶胞的晶格常数、四方性 c/a、体积 V 和不同磁性构型的相对能量 ΔE

	a (Å)	c (Å)	c/a	V (Å³)	ΔE [meV/(f. u.)]
实验[38]	3.7199	4.7197	1.2688	65.309	—
FM	3.7074	4.8428	1.3063	66.561	390.7
A-AFM	3.6980	4.6762	1.2645	63.948	282.7
C-AFM	3.6777	4.7338	1.2872	64.028	0
G-AFM	3.6837	4.7021	1.2764	63.806	14.26

表 5-2　理论计算优化 $BiCo_{0.5}Fe_{0.5}O_3$ 晶胞的晶格常数、四方性 c/a、体积 V 和不同磁性构型的相对能量 ΔE

	a (Å)	c (Å)	c/a	V (Å³)	ΔE [meV/(f. u.)]
实验[38]	3.7199	4.7197	1.2688	65.309	—
FM1	3.7109	4.8403	1.3044	66.653	377.5
FM2	3.7044	4.8458	1.3081	66.496	382.1
A-AFM1	3.6984	4.6826	1.2661	64.051	276.7
A-AFM2	3.7015	4.6949	1.2684	64.326	288.2
C-AFM1	3.6832	4.7283	1.2838	64.145	0.282
C-AFM2	3.6753	4.7492	1.2922	64.152	0
G-AFM1	3.6830	4.7155	1.2803	63.962	12.69
G-AFM2	3.6816	4.7193	1.2819	63.966	13.40

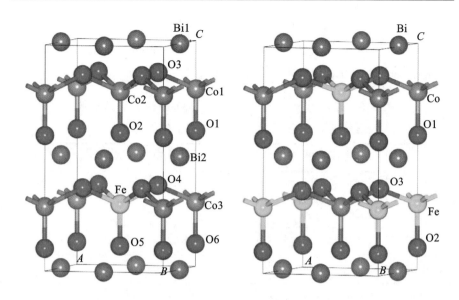

图 5-4　Fe 取代的 BiCoO$_3$ 系统 $\sqrt{2} \times \sqrt{2} \times 2$ 超胞模型：左图是 BiCo$_{0.75}$Fe$_{0.25}$O$_3$，右图是 BiCo$_{0.5}$Fe$_{0.5}$O$_3$

对于 BiCo$_{0.75}$Fe$_{0.25}$O$_3$ 和 BiCo$_{0.5}$Fe$_{0.5}$O$_3$ 的基态，计算出的四方畸变值（c/a）分别为 1.287 和 1.292，这表明 Fe 取代的 BiCoO$_3$ 系统可以保持原始的强铁电性。12.5% 的 Fe、Mn、Cr 和 Ni 掺杂的 BiCoO$_3$ 也分别显示出 1.29、1.27、1.28 和 1.287 的大 c/a 值[67,68]。磁性过渡金属离子与五个近邻 O 离子配位形成金字塔结构。可以将金字塔结构视为源自强烈畸变的配位八面体，Co 离子偏离八面体的中心，并且 O 离子沿着 c 轴方向显著地从理想位置偏移，这导致大四方性的 c/a 值。大的四方形畸变产生具有共角 CoO$_5$ 金字塔组成的独立层状结构。通常，预期四方钙钛矿结构中较大的 c/a 会引起更大的铁电性[40,74]。

如图 5-4 所示，BiCo$_{0.75}$Fe$_{0.25}$O$_3$ 晶体结构中存在一种 Fe、两种 Bi、三种 Co、六种 O 位，而 BiCo$_{0.5}$Fe$_{0.5}$O$_3$ 晶体结构中只有一种 Fe、Co 和 Bi，三种 O 位置。O1、O2、O5 和 O6 是顶端氧原子，而 O3 和 O4 分别是局域金字塔结构中的平面氧原子。在这里，我们将单胞

的原子位置定义为 $Bi(0,0,z)$、$Co(0.5,0.5,0.5+\Delta z)$、$Fe(0.5,0.5,0.5+\Delta z)$、$O(0.5,0.5,\Delta z_1)$ 和 $O(0.5,0,0.5+\Delta z_2)$，其中 z、Δz、Δz_1 和 Δz_2 是相对于非极化的中心对称立方钙钛矿结构的原子位移参数，并将计算结果列于表 5-3 中。表 5-4 总结了磁性离子和 O 离子之间的长度，以及 Fe 取代的 $BiCoO_3$ 体系的相应磁矩[75]。取代的 Fe 离子相对于母体 Co 离子显示出更大的变形位移，这导致 Fe—O(顶端氧原子)的键长与 Co—O(顶端氧原子)相比略长，并且进一步导致 Fe—O(平面氧原子)键比 Co—O(平面氧原子)的短。取代 Fe 离子和母体 Co 离子之间的原子内坐标参数的误差在 1% 以内。Co—O 和 Fe—O(顶端氧原子)、Co—O 和 Fe—O(平面氧原子)的键长的总偏差在 0.02 Å 之内。

表 5-3 计算纯相和 Fe 取代的 $BiCoO_3$ 系统的 C-AFM 基态的原子内坐标

离子	内坐标	实验[38]	纯相	$BiCo_{0.75}Fe_{0.25}O_3$	$BiCo_{0.5}Fe_{0.5}O_3$
Bi1	z	0	0.0118	0.0115	0.0128
Bi2	z	0	0.0118	0.0127	—
Co1	Δz	0.0664	0.0766	0.0776	0.0718
Co2	Δz	0.0664	0.0766	0.0781	—
Co3	Δz	0.0664	0.0766	0.0723	—
Fe	Δz	—	—	0.0816	0.0826
O1	Δz_1	0.2024	0.1921	0.1931	0.1884
O2	Δz_1	0.2024	0.1921	0.1928	0.1946
O5	Δz_1	0.2024	0.1921	0.1929	—
O6	Δz_1	0.2024	0.1921	0.1895	—
O3	Δz_2	0.2311	0.2215	0.2203	0.221
O4	Δz_2	0.2311	0.2215	0.2215	—

表 5-4   理论计算与实验测量纯相和 Fe 取代的 BiCoO₃ 系统的 C-AFM 基态的过渡金属离子和 O 离子之间的键长(Å),相应磁矩(μ_B)

	实验[38]	纯相	12.5%[67]	25%	50%
Co1—O1	1.747	1.816	1.78	1.820	1.820
Co2—O2	1.747	1.816	1.78	1.824	—
Co3—O6	1.747	1.816	1.78	1.812	—
Co1—O3	2.007	1.962	1.99	1.959	1.971
Co2—O3	2.007	1.962	1.99	1.959	—
Co3—O4	2.007	1.962	1.99	1.971	—
Fe—O4	—	—	2.00	1.953	—
Fe—O5	—	—	1.83	1.840	—
Fe—O2	—	—	—	—	1.843
Fe—O3	—	—	—	—	1.950
Bi1	—	0	—	0	0.02
Bi2	—	0	—	0.02	0.02
Co1	—	2.46	2.95	2.46	2.58
Co2	—	2.46	2.95	2.46	2.58
Co3	—	2.46	2.95	2.58	2.58
Fe	—	—	4.09	3.64	3.64
O1	—	0.44	0.30	0.42	0.42
O2	—	0.44	0.30	0.42	0.34
O5	—	0.44	0.22	0.36	—
O6	—	0.44	0.30	0.44	—
O3	—	0	0	0	0.02
O4	—	0	0	0.02	—

通过使用最简单但成功的点电荷模型,可以从原子结构参数估计自发极化 P_s[40,48,75,76]:

$$P_s = \frac{\sum_i Q_i \times Z_i}{V} \qquad (5\text{-}1)$$

这里 Q_i 是每个离子的标称电荷,Z_i 是相对于非极化立方顺电结构的位移($Z_i = c \times \Delta Z_i$,$c$ 是 Z 方向的晶格常数,ΔZ_i 是原子内坐标参数),V 是单胞体积。对于纯相 $BiCoO_3$,5 K 时结构参数对应的 P_s 估计值高达 177 $\mu C \cdot cm^{-2}$,与第一性原理 Berry 相预测的 179 $\mu C \cdot cm^{-2}$、172 $\mu C \cdot cm^{-2}$ 和 170 $\mu C \cdot cm^{-2}$ 的电极化值一致[57,58,68]。对于 $BiCo_{0.75}Fe_{0.25}O_3$ 和 $BiCo_{0.5}Fe_{0.5}O_3$,Fe 取代的 $BiCoO_3$ 系统的自发铁电极化分别计算为约 165 $\mu C \cdot cm^{-2}$ 和 163 $\mu C \cdot cm^{-2}$。理论计算表明,在这些取代系统中几乎保持了母体 $BiCoO_3$ 的强自发极化。Fe 取代 $BiCoO_3$ 的铁电极化与早期的 12.5% 取代的结果(174.9 $\mu C \cdot cm^{-2}$)相近[67]。

磁性结构的实验精修和第一性原理理论计算结果一致揭示了 $BiCoO_3$ 中 Co^{3+} 离子的高自旋构型($3d^6$,$S=2$)。对于高自旋构型,预期 Co^{3+}($3d^6$)离子和 Fe^{3+}($3d^5$)离子分别具有 4 μ_B 和 5 μ_B 的磁矩,这表明取代的 Fe 离子可以为 Fe 取代的 $BiCoO_3$ 系统贡献 1 μ_B 或 -1 μ_B 的净磁矩。如表 5-4 所示,在 $BiCo_{0.75}Fe_{0.25}O_3$ 的 C-AFM 基态中,金字塔的替代层中 Co 和 Fe 离子的计算磁矩分别为 2.58 μ_B 和 3.64 μ_B,而在其他纯 CoO_5 金字塔层中 Co 离子保留 2.46 μ_B 磁矩。同时,顶端 O 离子的残余磁矩与结合的 Co(Fe) 离子具有相同的自旋取向,在 $Co_{0.5}Fe_{0.5}O_5$ 金字塔的置换层中为 0.44(0.36) μ_B,在纯 CoO_5 金字塔层中为 0.42 μ_B。纯 CoO_5 金字塔层中没有净磁矩,因为 Co 和 O 离子具有相同的磁矩和相反的自旋取向,但由于 Fe—O 和 Co 之间的局域磁矩不同,在 $Co_{0.5}Fe_{0.5}O_5$ 金字塔的置换层中 Fe 取代提供 1 μ_B 的剩余磁矩。因此,25% Fe 取代的 Bi_2CoFeO_6 超胞产生 1 μ_B 净磁矩。以相同的方式,在 $BiCo_{0.5}Fe_{0.5}O_3$

的 C-AFM 基态中，$Co_{0.5}Fe_{0.5}O_5$ 金字塔的每个取代层中 Co 和 Fe 离子的计算磁矩为 2.58 μ_B 和 3.64 μ_B。相反，对于与过渡金属离子结合的顶端 O 离子，残余磁矩为 0.42(Co) μ_B 和 0.34(Fe) μ_B。因此，50%Fe 取代的系统为 Bi_2CoFeO_6 超胞产生 1 μ_B 的净磁矩。

基态的自旋极化能带结构如图 5-5 所示。除了明显的自旋极化和亚铁磁自旋序特征外，能带结构的基本特征与纯 $BiCoO_3$ 的相同。位于 -10.5 eV 的最低简并价带来自 Bi $6s$ 态，它们与被占据的 O $2p$ 和过渡金属 $3d$ 衍生的带之间有能隙隔开，后者从 -7 eV 延伸到费米能级。导带最小值(CBM)主要来自过渡金属 $3d$ 未占据态，更高能量区域导带是 Bi $6p$ 衍生态。对于 Fe 取代的 $BiCoO_3$ 系统，在价带最大值(VBM)和 CBM 之间开启了绝缘带隙。通常，铁电材料必须是绝缘体，否则巡游电子会屏蔽整个电场并抑制造成铁电畸变的静电力。在铁电转换过程中，带隙较大的铁电材料预计会有较小的漏电流[67,68]。

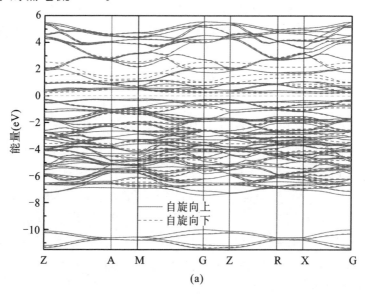

图 5-5 Fe 取代的 $BiCoO_3$ 系统的 C-AFM 基态的能带结构

(a)$BiCo_{0.75}Fe_{0.25}O_3$；(b)$BiCo_{0.5}Fe_{0.5}O_3$

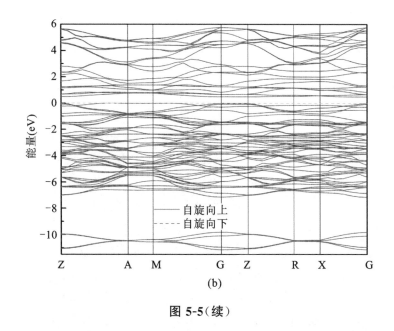

(b)

图 5-5（续）

应该注意的是，常规 DFT 的标准局域自旋密度近似（LSDA）或梯度密度近似（GGA）交换关联泛函在解释具有局域电子态的磁性材料的物理特性时经常遇到困难。例如，传统的能带论通常不能再现 Mott 绝缘体的绝缘性质或低估半导体和绝缘体中的带隙。这是由于局域化电子间的自相互作用，其在 LDA 和 GGA 近似中仅部分抵消，并且引起库仑相互作用的错误处理[77]。如前两章所述，研究者已经提出了许多不同的方法来克服标准 DFT 方法的这种基本限制，从相当流行的 DFT+U 方法到更复杂的自相互作用校正（SIC），以及 GW 近似和杂化泛函方法[78]。然而，有时自旋极化的 GGA/LSDA 方法能够很好地描述过渡金属氧化物的电子结构。DFT 计算的普及源于准确性、速度、较低的计算成本和高计算效率之间的良好平衡。另一方面，尽管 DFT+U 方法性能得到改善，但选择库仑排斥参数 U 受到诸多限制，通常通过与实验测试的一些物理量对比来选择，以使该参数尽量合理。对于 $BiCoO_3$ 体系，目前缺乏足够的实验信息(例如带隙值),允许理论计算结果的综合比较,不允许明确选择合理的 U 值。根据表 5-1 和表 5-2 中总能量的计算结果,C-AFM 和 G-AFM 之间的能量差非常小,因此我们进行 DFT+U 计算以验证主要结论是否已经改变。不可否认,考虑到库仑排斥相互作用,过渡金属离子的磁矩明显增强,带隙扩大。然而,无论采用哪种方法,基态和系统的绝缘性质没有改变。计算结果与 GGA 加 Hubbard U(GGA+U)方法和模型 Hamiltonian 的结论一致[47]。

图 5-6 显示了 25％Fe 取代的 $BiCoO_3$ 系统的基态原子分辨的部分态密度(PDOS),其中能量的零点被设定为费米能级。为了检测过渡金属 3d 电子的占据状态,我们在不同位置选择 Co 和 Fe 离子,如图 5-4 所示,标记为 Co1、Co2、Co3 和 Fe。图 5-6(a)和(b)显示了这些过渡金属离子的相应的位点自旋投影 PDOS。Co 和 Fe 3d 态的自旋投影 PDOS 表明 Co2 和 Fe 的 3d 自旋向上轨道完全被占据,而 Co2 离子自旋向下轨道部分被占据并且对于 Fe 离子完全为空。同时,Co1 和 Co3 的 3d 自旋向下轨道完全被占据,而自旋向上轨道被部分占据。Co 和 Fe 离子的 PDOS 与具有 3d^6 和 3d^5 构型的形式三价价态非常一致。Co 离子的 PDOS 与纯 $BiCoO_3$ 中 Co^{3+} 的 PDOS 情况非常相似,并且 Fe^{3+} 离子是高自旋构型,最近邻自旋磁矩在同一层中彼此反平行(AFM 耦合)。原子分辨的 PDOS 也表明对 O 2p-Co 3d、O 2p-Fe 3d 和 Bi(6s,6p)-O 2p 态之间存在强烈的杂化效应。Co、Fe 与顶端 O 原子的杂化相互作用诱导强共价效应,并且 Co 和 Fe 离子的磁矩大大减小。另外,如表 5-4 所示,杂化效应导致顶端 O 原子具有大的残余磁矩。过渡金属 3d 和 O 的 2p 态之间的杂化相互作用对于减弱短程排斥和降低总能量是必不可少的,这导致 Fe 取代的 $BiCoO_3$ 系统形成铁电相。此外,Bi 的 6s 轨道被完全占据并充当孤对电子态。Bi 6p 和 O 2p 状态之间的杂化相互作用降低了总能量,然后增强了 Fe 取代的 $BiCoO_3$ 铁电变形结构的稳定性。

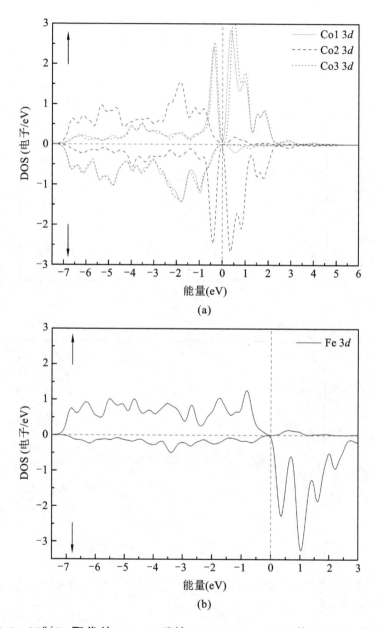

图 5-6 25％Fe 取代的 $BiCoO_3$ 系统（$BiCo_{0.75}Fe_{0.25}O_3$）的 C-AFM 基态的
部分态密度（PDOS）和自旋投影 PDOS：（a）Co；（b）Fe；（c）O；（d）Bi

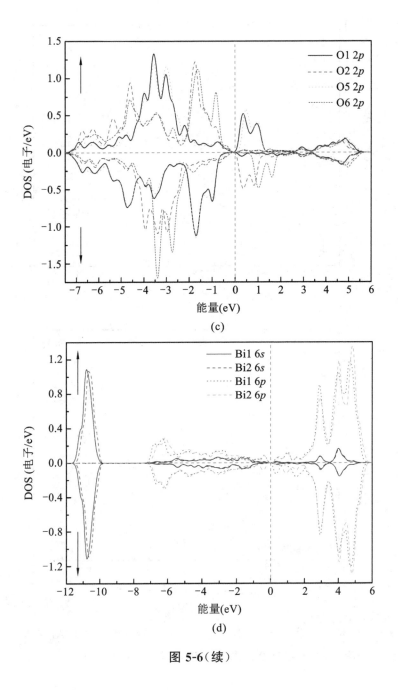

(c)

(d)

图 5-6（续）

　　图 5-7 中绘制了 50％Fe 取代的 $BiCoO_3$ 系统（$BiCo_{0.5}Fe_{0.5}O_3$）的 C-AFM 基态的原子分辨自旋投影 PDOS。如图 5-4 所示，分别选择位于 $Bi_4Co_2Fe_2O_{12}$ 四方超胞的拐角和中心 Co1 和 Co2、Fe1 和 Fe2 原子。Co 和 Fe 的 $3d$ 态的自旋投影 PDOS 表明 Co1 和 Co2、Fe1 和 Fe2 的占据态彼此相反。Co1 和 Fe1 原子自旋向上轨道完全被占据，相反，Co2 和 Fe2 离子自旋向下轨道完全被占据。过渡金属离子的占据态显示出 C-AFM 自旋序的典型特征，其中自旋磁矩在同一层中的最近邻过渡金属离子之间反平行，而自旋磁矩沿不同层之间的取向相同。同时，如图 5-7(b)所示，过渡金属的 $3d$ 和 O $2p$ 态的扩散和重叠程度远小于费米能级，表明它们之间存在很强的杂化相互作用。应该注意的是，由于高斯拖尾效应，PDOS 在费米能级处显示拖尾，但如图 5-5(b)所示的能带结构所证明，理论计算已经成功地再现了绝缘性质。

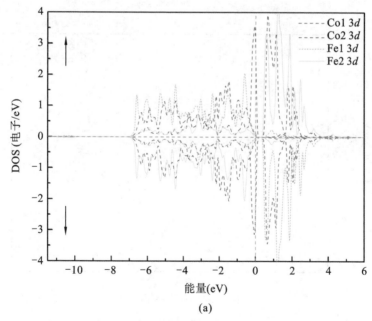

(a)

图 5-7　50％Fe 取代的 $BiCoO_3$ 系统（$BiCo_{0.75}Fe_{0.25}O_3$）的 C-AFM 基态的部分态密度（PDOS）和自旋投影 PDOS：(a)Co，Fe；(b)O；(c)Bi

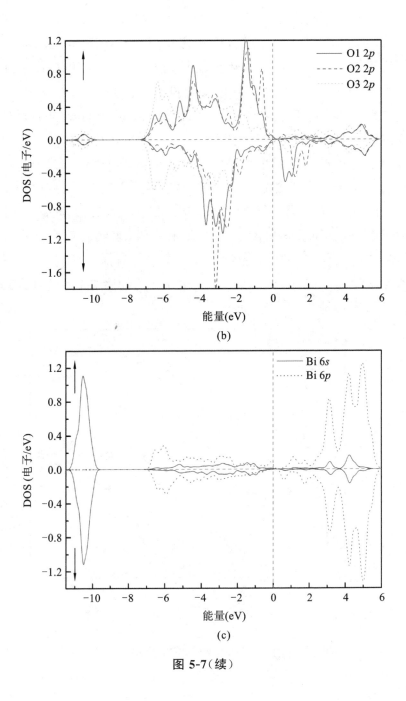

(b)

(c)

图 5-7（续）

5.4 本章小结

受 PZT 优异压电性能和四方相 $PbTiO_3$ 与菱方相 $PbZrO_3$ 固溶体中存在 MPB 的启示，很多学者研究了固溶体 $BiCo_{1-x}Fe_xO_3$ 的晶体结构变化，以确定四方相 $BiCoO_3$ 与菱方相 $BiFeO_3$ 之间的相界。相比之下，人们对共取代 $BiFeO_3$ 固溶体、块状材料和不同浓度 Co 离子的外延膜结构、光学、磁性和铁电性能进行了广泛的研究。但是，到目前为止，研究关于 Fe 取代的 $BiCoO_3$ 的磁性、铁电和磁电性能还很少。本章的研究不仅验证了以前的实验结论，而且还将取代浓度提高到 25% 和 50%，这些浓度更接近相变点。掺杂浓度在 Fe∶Co 为 1∶8(12.5%)、1∶4(25%) 和 1∶2(50%) 时实验更可行。希望本章的理论预测进一步吸引其他研究者的兴趣，以研究 Fe 取代的 $BiCoO_3$ 系统的磁电特性。

参 考 文 献

[1] ROYEN P, SWARS K. Das system wismutoxyd-eisenoxyd im bereich von 0 bis 55 mol% eisenoxyd [J]. Angewandte Chemie, 1957, 69 (24):779.

[2] WANG J, NEATON J B, ZHENG H, et al. Epitaxial BiFeO₃ multiferroic thin film heterostructures[J]. Science, 2003, 299(5613):1719-1722.

[3] TEAGUE J R, GERSON R, JAMES W J. Dielectric hysteris in single crystal BiFeO₃ [J]. Solid State Communications, 1970, 8 (13): 1073-1074.

[4] NEATON J B, EDERER C, WAGHMARE U V, et al. First-principles study of spontaneous polarization in multiferroic BiFeO₃ [J]. Physical Review B, 2005, 71(1):014113.

[5] LEBEUGLE D, COLSON D, FORGET A, et al. Very large spontaneous electric polarization in BiFeO₃ single crystals at room temperature and

its evolution under cycling fields[J]. Applied Physics Letters, 2007, 91 (2):022907.

[6] VALANT M, AXELSSON A K, ALFORD N. Peculiarities of a solid-state synthesis of multiferroic polycrystalline $BiFeO_3$[J]. Chemistry of Materials, 2007, 19(22):5431-5436.

[7] KISELEV S V. Detection of magnetic order in ferroelectric $BiFeO_3$ by neutron diffraction[J]. Sov. Phys. , 1963, 7:742.

[8] SOSNOWSKA I, NEUMAIER T P, STEICHELE E. Spiral magnetic ordering in bismuth ferrite [J]. Journal of Physics C: Solid State Physics, 1982, 15(23):4835.

[9] RAMAZANOGLU M, LAVER M, RATCLIFFI W, et al. Local weak ferromagnetism in single-crystalline ferroelectric $BiFeO_3$ [J]. Physical Review Letters, 2011, 107(20):207206.

[10] KADOMTSEVA A M, ZVEZDIN A K, POPOV Y F, et al. Space-time parity violation and magnetoelectric interactions in antiferromagnets [J]. Journal of Experimental and Theoretical Physics Letters, 2004, 79 (11):571-581.

[11] JOHNSON R D, BARONE P, BOMBARDI A, et al. X-ray imaging and multiferroic coupling of cycloidal magnetic domains in ferroelectric monodomain $BiFeO_3$ [J]. Physical Review Letters, 2013, 110 (21):217206.

[12] KIMURA T, GOTO T, SHINTANI H, et al. Magnetic control of ferroelectric polarization[J]. Nature, 2003, 426(6962):55.

[13] TOKUNAGA M, AZUMA M, SHIMAKAWA Y. High-field study of strong magnetoelectric coupling in single-domain crystals of $BiFeO_3$ [J]. Journal of the Physical Society of Japan, 2010, 79(6):064713.

[14] TOKUNAGA M, AKAKI M, ITO T, et al. Magnetic control of transverse electric polarization in $BiFeO_3$[J]. Nature Communications, 2015, 6:5878.

[15] EDERER C, SPALDIN N A. Weak ferromagnetism and

magnetoelectric coupling in bismuth ferrite[J]. Physical Review B, 2005,71(6):060401.

[16] BAI F,WANG J,WUTTIG M,et al. Destruction of spin cycloid in (111) c-oriented $BiFeO_3$ thin films by epitaxial constraint:Enhanced polarization and release of latent magnetization[J]. Applied Physics Letters,2005,86(3):032511.

[17] BÉA H,BIBES M,PETIT S,et al. Structural distortion and magnetism of $BiFeO_3$ epitaxial thin films:A Raman spectroscopy and neutron diffraction study[J]. Philosophical Magazine Letters,2007,87(3-4):165-174.

[18] CATALAN G,SCOTT J F. Physics and applications of bismuth ferrite [J]. Advanced Materials,2009,21(24):2463-2485.

[19] YANG C H,KAN D,TAKEUCHI I,et al. Doping $BiFeO_3$:Approaches and enhanced functionality[J]. Physical Chemistry Chemical Physics,2012,14(46):15953-15962.

[20] SANDO D,BARTHÉLÉMY A,BIBES M. $BiFeO_3$ epitaxial thin films and devices:Past,present and future[J]. Journal of Physics:Condensed Matter,2014,26(47):473201.

[21] HOJO H,OKA K,SHIMIZU K,et al. Development of bismuth ferrite as a piezoelectric and multiferroic material by cobalt substitution[J]. Advanced Materials,2018,30(33):1705665.

[22] KIM J K,KIM S S,KIM W J,et al. Enhanced ferroelectric properties of Cr-doped $BiFeO_3$ thin films grown by chemical solution deposition [J]. Applied Physics Letters,2006,88(13):132901.

[23] SINGH S K,ISHIWARA H,MARUYAMA K. Room temperature ferroelectric properties of Mn-substituted $BiFeO_3$ thin films deposited on Pt electrodes using chemical solution deposition [J]. Applied Physics Letters,2006,88(26):262908.

[24] CHU Y H,ZHAN Q,YANG C H,et al. Low voltage performance of epitaxial $BiFeO_3$ films on Si substrates through lanthanum substitution

[J]. Applied Physics Letters,2008,92(10):102909.

[25] JAFFE B. Piezoelectric ceramics[M].[S. I.]:Elsevier,2012.

[26] KAN D,PÁLOVÁ L,ANBUSATHAIAH V,et al. Universal behavior and electric-field-induced structural transition in rare-earth-substituted $BiFeO_3$[J]. Advanced Functional Materials,2010,20(7):1108-1115.

[27] CHENG C J, KAN D, LIM S H, et al. Structural transitions and complex domain structures across a ferroelectric-to-antiferroelectric phase boundary in epitaxial Sm-doped $BiFeO_3$ thin films[J]. Physical Review B,2009,80(1):014109.

[28] LEE Y H,WU J M,LAI C H. Influence of La doping in multiferroic properties of $BiFeO_3$ thin films[J]. Applied Physics Letters,2006,88 (4):042903.

[29] YUAN G L,OR S W. Multiferroicity in polarized single-phase $Bi_{0.875}$-$Sm_{0.125}FeO_3$ ceramics [J]. Journal of Applied Physics, 2006, 100 (2):024109.

[30] NAGANUMA H, MIURA J, NAKAJIMA M, et al. Annealing temperature dependences of ferroelectric and magnetic properties in polycrystalline Co-substituted $BiFeO_3$ films[J]. Japanese Journal of Applied Physics,2008,47(9S):7574.

[31] BEGUM H A,NAGANUMA H,OOGANE M,et al. Fabrication of multiferroic Co-substituted $BiFeO_3$ epitaxial films on $SrTiO_3$ (100) substrates by radio frequency magnetron sputtering[J]. Materials, 2011,4(6):1087-1095.

[32] BÉA H,BIBES M,BARTHÉLÉMY A,et al. Influence of parasitic phases on the properties of $BiFeO_3$ epitaxial thin films[J]. Applied Physics Letters,2005,87(7):072508.

[33] BÉA H,BIBES M,FUSIL S,et al. Investigation on the origin of the magnetic moment of $BiFeO_3$ thin films by advanced X-ray characterizations[J]. Physical Review B,2006,74(2):020101.

[34] SINGH V R, VERMA V K, ISHIGAMI K, et al. Enhanced

ferromagnetic moment in Co-doped $BiFeO_3$ thin films studied by soft X-ray circular dichroism[J]. Journal of Applied Physics, 2013, 114 (10):103905.

[35] SOSNOWSKA I, AZUMA M, PRZENIOSŁO R, et al. Crystal and magnetic structure in co-substituted $BiFeO_3$[J]. Inorganic Chemistry, 2013,52(22):13269-13277.

[36] CHEN P, GÜNAYDIN-ŞEN Ö, RENW J, et al. Spin cycloid quenching in Nd^{3+}-substituted $BiFeO_3$ [J]. Physical Review B, 2012, 86 (1):014407.

[37] SOSNOWSKA I, SCHÄFER W, KOCKELMANN W, et al. Crystal structure and spiral magnetic ordering of $BiFeO_3$ doped with manganese[J]. Applied Physics A,2002,74(1):s1040-s1042.

[38] BELIK A A, IIKUBO S, KODAMA K, et al. Neutron powder diffraction study on the crystal and magnetic structures of $BiCoO_3$[J]. Chemistry of Materials,2006,18(3):798-803.

[39] VASUDEVAN S, RAO C N R, UMARJI A M, et al. Studies on $BiCoO_3$ and $BiCo_{1-x}Fe_xO_3$ [J]. Materials Research Bulletin, 1979, 14 (4):451-454.

[40] OKA K, AZUMA M, CHEN W, et al. Pressure-induced spin-state transition in $BiCoO_3$ [J]. Journal of the American Chemical Society, 2010,132(27):9438-9443.

[41] JIA T, WU H, ZHANG G, et al. Ab initio study of the giant ferroelectric distortion and pressure-induced spin-state transition in $BiCoO_3$[J]. Physical Review B,2011,83(17):174433.

[42] CAZORLA C, DIÉGUEZ O, ÍÑIGUEZ J. Multiple structural transitions driven by spin-phonon couplings in a perovskite oxide[J]. Science Advances,2017,3(6):e1700288.

[43] AZUMA M, NIITAKA S, HAYASHI N, et al. Rhombohedral-tetragonal phase boundary with high Curie temperature in $(1-x)$ $BiCoO_3$-$x BiFeO_3$ solid solution [J]. Japanese Journal of Applied

Physics,2008,47(9S):7579.

[44] YASUI S,NAGANUMA H,OKAMURA S,et al. Crystal structure and electrical properties of {100}-oriented epitaxial $BiCoO_3$-$BiFeO_3$ films grown by metalorganic chemical vapor deposition[J]. Japanese Journal of Applied Physics,2008,47(9S):7582.

[45] NAKAMURA Y, KAWAI M, AZUMA M, et al. Enhanced Piezoelectric Constant of $(1-x)BiFeO_3$-$xBiCoO_3$ Thin Films Grown on $LaAlO_3$ Substrate[J]. Japanese Journal of Applied Physics,2011,50 (3R):031505.

[46] HOJO H,ONUMA K,IKUHARA Y,et al. Structural evolution and enhanced piezoresponse in cobalt-substituted $BiFeO_3$ thin films[J]. Applied Physics Express,2014,7(9):091501.

[47] DIÉGUEZ O, ÍÑIGUEZ J. First-Principles Investigation of Morphotropic Transitions and Phase-Change Functional Responses in $BiFeO_3$-$BiCoO_3$ Multiferroic Solid Solutions [J]. Physical Review Letters,2011,107(5):057601.

[48] OKA K,KOYAMA T,OZAAKI T,et al. Polarization rotation in the monoclinic perovskite $BiCo_{1-x}Fe_xO_3$ [J]. Angewandte Chemie International Edition,2012,51(32):7977-7980.

[49] SHIMIZU K,HOJO H,IKUHARA Y,et al. Enhanced piezoelectric response due to polarization rotation in cobalt-substituted $BiFeO_3$ epitaxial thin films[J]. Advanced Materials,2016,28(39):8639-8644.

[50] HERON J T,TRASSIN M,ASHRAFK,et al. Electric-field-induced magnetization reversal in a ferromagnet-multiferroic heterostructure [J]. Physical Review Letters,2011,107(21):217202.

[51] HERON J T,BOSSE J L,HE Q,et al. Deterministic switching of ferromagnetism at room temperature using an electric field [J]. Nature,2014,516(7531):370.

[52] HOJO H,KAWABE R,SHIMIZUK,et al. Ferromagnetism at room temperature induced by spin structure change in $BiFe_{1-x}Co_xO_3$ thin

films[J]. Advanced Materials,2017,29(9):1603131.

[53] LEBEUGLE D,COLSON D,FORGET A,et al. Electric-field-induced spin flop in $BiFeO_3$ single crystals at room temperature[J]. Physical Review Letters,2008,100(22):227602.

[54] GROSS I,AKHTAR W,GARCIA V,et al. Real-space imaging of non-collinear antiferromagnetic order with a single-spin magnetometer[J]. Nature,2017,549(7671):252.

[55] BELIK A A. Polar and nonpolar phases of $BiMO_3$: A review[J]. Journal of Solid State Chemistry,2012,195:32-40.

[56] CAI M Q,LIU J C,YANG G W,et al. First-principles study of structural,electronic,and multiferroic properties in $BiCoO_3$[J]. The Journal of Chemical Physics,2007,126(15):154708.

[57] URATANI Y, SHISHIDOU T, ISHII F, et al. First-principles predictions of giant electric polarization [J]. Japanese Journal of Applied Physics,2005,44(9S):7130.

[58] RAVINDRAN P,VIDYA R,ERIKSSON O,et al. Magnetic-instability-induced giant magnetoelectric coupling[J]. Advanced Materials,2008, 20(7):1353-1356.

[59] MING X,MENG X,HU F,et al. Pressure-induced magnetic moment collapse and insulator-to-semimetal transition in $BiCoO_3$[J]. Journal of Physics:Condensed Matter,2009,21(29):295902.

[60] MCLEOD J A, PCHELKINA Z V, FINKELSTEIN L D, et al. Electronic structure of $BiMO_3$ multiferroics and related oxides[J]. Physical Review B,2010,81(14):144103.

[61] NAGANUMA H,SHIMURA N,MIURA J,et al. Enhancement of ferroelectric and magnetic properties in $BiFeO_3$ films by small amount of cobalt addition [J]. Journal of Applied Physics, 2008, 103 (7):07E314.

[62] ZHANG Q,KIM C H,JANG Y H,et al. Multiferroic properties and surface potential behaviors in cobalt-doped $BiFeO_3$ film[J]. Applied

Physics Letters,2010,96(15):152901.

[63] CHAKRABARTI K,DAS K,SARKAR B,et al. Enhanced magnetic and dielectric properties of Eu and Co co-doped BiFeO$_3$ nanoparticles [J]. Applied Physics Letters,2012,101(4):042401.

[64] SUI Y,XIN C,ZHANG X,et al. Enhancement of multiferroic in BiFeO$_3$ by Co doping[J]. Journal of Alloys and Compounds,2015,645: 78-84.

[65] COONDOO I,PANWAR N,TOMAR A,et al. Improved magnetic and piezoresponse behavior of cobalt substituted BiFeO$_3$ thin film[J]. Thin Solid Films,2012,520(21):6493-6498.

[66] WANG Q J, TAN Q H, LIU Y K. First-principles study on ferromagnetism in Mn-doped tetragonal BiFeO$_3$ [J]. Computational Materials Science,2015,105:1-5.

[67] CHEN X Y,TIAN R Y,WU J M,et al. Fe,Mn,and Cr doped BiCoO$_3$ for magnetoelectric application:A first-principles study[J]. Journal of Physics:Condensed Matter,2011,23(32):326005.

[68] DONG X L,XU M X,HONG K Q,et al. First-principles investigation of magnetism and ferroelectricity in Ni-doped BiCoO$_3$ [J]. Physica Status Solidi (b),2013,250(9):1864-1869.

[69] SEGALL M D,LINDAN P J D,Probert M J,et al. First-principles simulation:Ideas,illustrations and the CASTEP code[J]. Journal of Physics:Condensed Matter,2002,14(11):2717.

[70] PERDEW J P,BURKE K,ERNZERHOF M. Generalized gradient approximation made simple[J]. Physical Review Letters,1996,77(18): 3865.

[71] VANDERBILT D. Soft self-consistent pseudopotentials in a generalized eigenvalue formalism[J]. Physical Review B,1990,41(11):7892.

[72] PFROMMER B G,CÔTÉ M,LOUIE S G,et al. Relaxation of crystals with the quasi-Newton method[J]. Journal of Computational Physics, 1997,131(1):233-240.

[73] ISHIMATSU N，WATANABE T，OKA K，et al. Differences in local structure around Co and Fe of the $BiCo_{1-x}Fe_xO_3$ system determined by X-ray absorption fine structure [J]. Physical Review B，2015，92 (5)：054108.

[74] INIGUEZ J，VANDERBILT D，BELLAICHE L. First-principles study of $(BiScO_3)_{1-x}$-$(PbTiO_3)_x$ piezoelectric alloys[J]. Physical Review B，2003，67(22)：224107.

[75] BELIK A A，AZUMA M，SAITO T，et al. Crystallographic features and tetragonal phase stability of $PbVO_3$，a new member of $PbTiO_3$ family[J]. Chemistry of Materials，2005，17(2)：269-273.

[76] KWEI G H，LAWSON A C，BILLINGE S J L，et al. Structures of the ferroelectric phases of barium titanate[J]. The Journal of Physical Chemistry，1993，97(10)：2368-2377.

[77] JONES R O，GUNNARSSON O. The density functional formalism，its applications and prospects[J]. Reviews of Modern Physics，1989，61 (3)：689.

[78] JAIN M，CHELIKOWSKY J R，LOUIE S G. Reliability of hybrid functionals in predicting band gaps[J]. Physical Review Letters，2011，107(21)：216806.